国家出版基金项目
NATIONAL PUBLICATION FOUNDATION

[青少年太空探索科普丛书·第2辑]

SCIENCE SERIES IN SPACE EXPLORATION FOR TEENAGERS

太空探索再出发 引领读者畅游浩瀚宇宙

太阳系富含水的天体

焦维新○著

辽宁人民出版社 | 辽宁电子出版社

© 焦维新　　2021

图书在版编目（CIP）数据

太阳系富含水的天体 / 焦维新著 . —沈阳：辽宁人民出版社 , 2021.6（2022.1 重印）
（青少年太空探索科普丛书 . 第 2 辑）
ISBN 978-7-205-10196-1

Ⅰ . ①太… Ⅱ . ①焦… Ⅲ . ①天体—青少年读物
Ⅳ . ① P1-49

中国版本图书馆 CIP 数据核字（2021）第 093502 号

出　　版：辽宁人民出版社　辽宁电子出版社
发　　行：辽宁人民出版社
　　　　　地址：沈阳市和平区十一纬路 25 号　邮编：110003
　　　　　电话：024-23284321（邮　购）　024-23284324（发行部）
　　　　　传真：024-23284191（发行部）　024-23284304（办公室）
　　　　　http://www.lnpph.com.cn
印　　刷：北京长宁印刷有限公司天津分公司
幅面尺寸：185mm×260mm
印　　张：10
字　　数：157 千字
出版时间：2021 年 6 月第 1 版
印刷时间：2022 年 1 月第 2 次印刷
责任编辑：娄　瓴
装帧设计：丁末末
责任校对：郑　佳
书　　号：ISBN 978-7-205-10196-1

定　　价：59.80 元

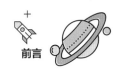

前言
PREFACE
——

　　2015 年，知识产权出版社出版了我所著的《青少年太空探索科普丛书》（第 1 辑），这套书受到了读者的好评。为满足读者的需要，出版社多次加印。其中《月球文化与月球探测》荣获科技部全国优秀科普作品奖；《揭开金星神秘的面纱》荣获第四届"中国科普作家协会优秀科普作品银奖"；《北斗卫星导航系统》入选中共中央宣传部主办、中国国家博物馆承办的"书影中的 70 年——新中国图书版本展"。从出版发行量和获奖的情况看，这套丛书是得到社会认可的，这也激励我进一步充实内容，描述更广阔的太空。因此，不久就开始酝酿写作第 2 辑。

　　在创作《青少年太空探索科普丛书》（第 2 辑）时，我遵循这三个原则：原创性、科学性与可读性。

　　当前，社会上呈现的科普书数量不断增加，作为一名学者，怎样在所著的科普书中显示出自己的特点？我觉得最重要的一条是要突出原创性，写出来的书无论是选材、形式和语言，都要有自己的风格。如在《话说小行星》中，将多种图片加工组合，使读者对小行星的类型和特点有清晰的认识；在《水星奥秘 100 问》中，对大多数图片进行了艺术加工，使乏味的陨石坑等地貌特征变得生动有趣；在关于战争题材的书中，则从大量信息中梳理出一条条线索，使读者清晰地了解太空战和信息战是由哪些方面构成的，美国在太空战和信息战方面做了哪些准备，这样就使读者对这两种形式战争的来龙去脉有了清楚的了解。

　　教书育人是教师的根本任务，科学性和严谨性是对教师的基本要求。如果拿不严谨的知识去教育学生，那是误人子弟。学校教育是这样，搞科普宣传也

是这样。因此，对于所有的知识点，我都以学术期刊和官方网站为依据。

图书的可读性涉及该书阅读和欣赏的价值以及内容吸引人的程度。可读性高的科普书，应具备内容丰富、语言生动、图文并茂、引人入胜等特点；虽没有小说动人的情节，但有使人渴望了解的知识；虽没有章回小说的悬念，但有吸引读者深入了解后续知识的感染力。要达到上述要求，就需要在选材上下功夫，在语言上下功夫，在图文匹配上下功夫。具体来说做了以下努力。

1. 书中含有大量高清晰度图片，许多图片经过自己用专业绘图软件进行处理，艺术质量高，增强了丛书的感染力和可读性。

2. 为了增加趣味性，在一些书的图片下加了作者创作的科普诗，可加深读者对图片内涵的理解。

3. 在文字方面，每册书有自己的风格，如《话说小行星》和《水星奥秘100问》的标题采用七言诗的形式，读者一看目录便有一种新鲜感。

4. 科学与艺术相结合。水星上的一些特征结构以各国的艺术家命名。在介绍这些特殊结构时也简单地介绍了该艺术家，并在相应的图片旁附上艺术家的照片或代表作。

5. 为了增加趣味性，在《冥王星的故事》一书中，设置专门章节，数字化冥王星，如十大发现、十件酷事、十佳图片、四十个趣事。

6. 人类探索太空的路从来都不是一帆风顺的，有成就，也有挫折。本丛书既谈成就，也正视失误，告诉读者成就来之不易，在看到今天的成就时，不要忘记为此付出牺牲的人们。如在《星际航行》的运载火箭部分，专门加入了"运载火箭爆炸事故"一节。

十本书的文字都是经过我的夫人刘月兰副研究馆员仔细推敲的，这个工作量相当大，夫人可以说是本书的共同作者。

在全套书内容的选择上，主要考虑的是在第1辑中没有包括的一些太阳系天体，而这些天体有些是人类的航天器刚刚探测过的，有许多新发现，如冥王星和水星。有些是我国正计划要开展探测的，如小行星和彗星。还有一些是太阳系富含水的天体，这是许多人不甚了解的。第二方面的考虑是航天技术商业化的一个重要方向——太空旅游。随着人们生活水平的提高，旅游已经成为日常生活必不可少的活动。神奇的太空能否成为旅游目的地，这是人们比较关心

的问题。由于太空游费用昂贵，目前只有少数人能够圆梦，但通过阅读本书，人们可以学到许多太空知识，了解太空旅游的发展方向。另外，太空旅游的方式也比较多，费用相差也比较大，人们可以根据自己的经济实力，选择适合自己的方式。第三方面，在国内外科幻电影的影响下，许多人开始关注星际航行的问题。不载人的行星际航行早已实现，人类的探测器什么时候能进行超光速飞行，进入恒星际空间，这个话题也开始引起人们的关注。《星际航行》就是满足这些读者的需要而撰写的。第四方面是直接与现代战争有关的题材，如太空战、信息战、现代战争与空间天气。现代战争是人们比较关心的话题，但目前在我国的图书市场上，译著和专著较多，很少看到图文并茂的科普书。这三本书则是为了满足军迷们的需要，阅读了美国军方的大量文件后书写完成。

《青少年太空探索科普丛书》（第 2 辑）的内容广泛，涉及多个学科。限于作者的学识，书中难免出现不当之处，希望读者提出批评指正。

本套图书获得国家出版基金资助。在立项申请时，中国空间科学学会理事长吴季研究员、北京大学地球与空间科学学院空间物理与应用技术研究所所长宗秋刚教授为此书写了推荐信。再次向两位专家表示衷心的感谢。

焦维新

2020 年 10 月

目录
CONTENTS

 导言

太阳系的海洋世界

太阳　　水星　　金星　　地球　　火星　　木星

 多样化的天体

木卫一（Io，艾奥）

木卫二（Europa，欧罗巴）

木卫三（Ganymede，盖尼米德）

木卫四（Callisto，卡里斯托）

冰冷世界有海洋，奇异动物里面藏。

若问水量谁最多，盖尼米德可称王。

　　太阳系包含了一个惊人的、多样化的天体阵列：有奇特表面特征的木卫二、地质活跃的土卫二、太阳系唯一含有实体大气层的土卫六、冥王星和它的氮冰川，还有许多其他各有特色的冰卫星。以往的航天器探测发现，这些天体中很可能存在"海洋世界"，隔热冰壳下面可能有大量液态水。这些海洋世界可能是生命的居所。我们知道，生命需要水，这个要求在一些天体中可能得以满足。未来的航天器探测可能集中于确定哪些天体具有适居性。

　　对海洋世界的研究之所以重要，至少有两个原因。一方面，它们代表了比类地行星更复

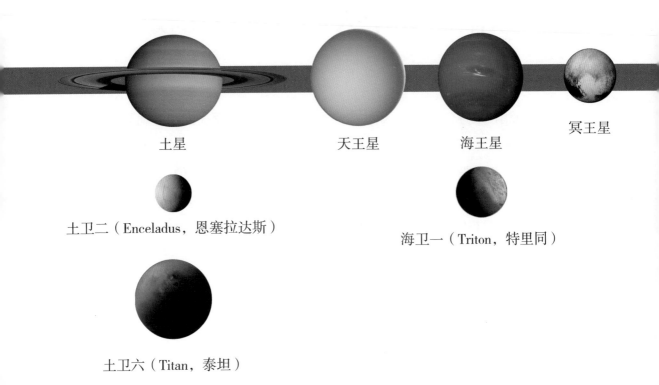

土星

天王星

海王星

冥王星

土卫二（Enceladus，恩塞拉达斯）

海卫一（Triton，特里同）

土卫六（Titan，泰坦）

▲ 太阳系主要含水天体分布示意图

杂但我们却了解甚少的系统。例如，很多海洋世界的主要热源是它们从轨道中获取的能量，因而在热演化和轨道演化之间就存在强耦合，这在类地行星中几乎不存在。与此类似，在潮汐作用的冰层下的全球海洋动态运动，解释了一系列鲜少探测的问题。另一方面，这些世界的特征提供了它们的历史和整个太阳系演变的线索。例如，微小的土卫二成功地保留了一个全球性的地下海洋，这可能告诉我们一些关于它轨道的历史和土星系统的演化等有深远意义的知识。

 # 太阳系 9 个天体含水量比较

　　根据观测，地球外的一些天体中已经发现有液体水存在。经过观测和模拟计算，目前所知太阳系中含水量最多的天体不是地球，而是木星的卫星木卫三（盖尼米德），在太阳系天体中，地球的含水量目前只排在第五位。

　　在太阳系中，不只是这些天体含有水，像谷神星以及许多开伯带天体都富含水，只是目前还没有这些天体含水量的数据，因此没有列入其中。

　　地球含水并不多，淡水资源更稀缺。
　　宇宙深处蕴藏水，远水不能解近渴。

　　本书，我们首先介绍地球上的水的情况，然后将按照另外 8 个天体的含水量由少到多，逐一介绍。

天体	液体水体积	水球	天体	天体体积	液体水体积百分比
土卫二	0.01 ZL	·	·	0.07 ZL	14.29%
海卫一	0.03 ZL	·	●	10.35 ZL	0.3%
土卫四	0.14 ZL	·	·	0.74 ZL	19%
冥王星	1.0 ZL	●	●	7.01 ZL	15%
地球	1.335 ZL	●	●	1083.21 ZL	0.12%
木卫二	2.6 ZL	●	●	16.06 ZL	16%
木卫四	5.3 ZL	●	●	58.63 ZL	9%
土卫六	18.6 ZL	●	●	71.60 ZL	26%
木卫三	35.4 ZL	●	●	76.29 ZL	46%

与太阳系其他富含水的天体比较，地球上的水很少

$1ZL=10^{21}$ 升 $=10^{18}$ 立方米

数据来源：美国国家海洋和大气管理局国家地球物理数据中心

▲ 太阳系 9 个天体含水量比较

海洋位于何处?

要了解地下海洋的位置，首先必须了解冰世界的总体内部结构以及如何导出这些结构。冰卫星的内部结构通常是通过测量它们的体积密度、重力力矩和形状来推断。体积密度可以用来粗略地推断岩石 / 冰比，尽管这种分析由于较高压力的冰相和 / 或孔隙度的潜在作用和硅酸盐密度假定的不确定性而变得复杂。然而，像土卫三这样的天体，其体积密度为 0.97 克 / 厘米 ^{3}，则几乎完全由冰组成。

太阳系天体的主要成分是岩石和冰。表示岩石在整个天体中的含量时，通常用质量分数这个概念。质量分数是指某物质中某种成分的质量与该样品中总物质质量之比，一般用百分数的形式表示。太阳系天体中岩石的主要成分是硅酸盐，下图给出了一些天体的硅酸盐质量分数，这个数值越小，说明天体内含有水、冰的量越多。

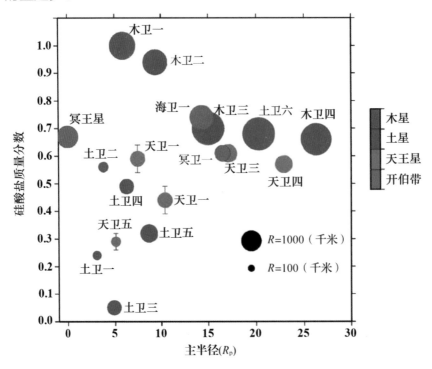

▲ 太阳系天体的岩石质量分数与主半径的关系

怎样确定海洋的存在？

有三种主要的地球物理方法可用于探测地下海洋是否存在，即磁感应法、大地测量法和雷达探测法。在某些情况下，天体的成分信息也可以用来证明海洋的存在；观察地表的地质特征也是有启发性的，但地球物理方法更具结论性。此外，成分和地质观测不能必然区分现在的和古代的海洋，而地球物理方法只对现在的海洋敏感。

1 | 磁感应法

磁感应法的基本原理很简单：一个嵌入在随时间变化的磁场中的导体（如咸海）会产生感应电流，这个电流进而产生次级磁场。次级磁场可以被探测到，其大小和方向会随着诱导场的变化而变化，从而使其区别于永久性的内部场。对天体附近磁场变化特性的观测与研究，就可以确定天体内是否存在咸水海洋。

2 | 大地测量法

如果天体存在地下海洋，冰壳将会从更深的内部分离出来。因此，测量壳体对外力（如潮汐）的响应可以潜在地探测到地下海洋。这种技术的一个普遍缺点是它往往对海洋厚度不敏感。大地测量技术包括振动、卫星倾角和潮汐响应三方面。

（1）振动

一般来说，当卫星围绕行星转动时，卫星的任何永久性潮汐隆起都不会总是指向行星，而是围绕一个平均位置振动，振幅是 γ。测出这个振动的振幅，就可以推算出卫星内部是否存在液体海洋。测量振动是复杂的，因为振幅很小（通常小于或等于 1 千米），需要高分辨率的重复成像或雷达观测。

（2）卫星倾角

第二种方法是测量卫星的倾角，即卫星自旋轴与轨道极轴之间的夹角。位于倾斜轨道上的卫星，所受到的力矩会使其自旋轴进动，而轨道轴本身也会出现进动，因而导致卫星的倾角发生变化。卫星是否有地下海洋，其倾角的变化不同，由此可推断卫星地下海洋的存在。

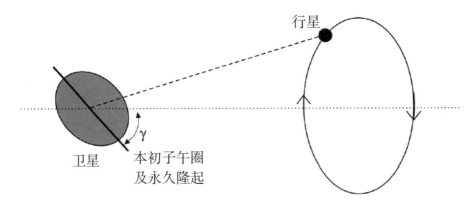

▲ 卫星潮汐隆起方向的振动（从轨道平面上方看）

（3）潮汐响应

如果天体存在地下海洋，那么其外壳所显示出来的潮汐效应会更明显，通过测量与潮汐效应有关的参量，可以辨别该天体是否存在地下海洋。所谓潮汐效应，一般指一颗天体在另一颗天体引力作用下，大气层（如果有的话）、表面海洋（如果存在的话）以及内部结构发生的周期性变化。

3 ｜ 雷达探测法

雷达能穿透寒冷的冰层，因此，雷达探测已被用来成像火星的冰盖结构。从原理上说，该技术也可用于探测冰冻卫星外壳的结构。根据回波特性，可以辨别出天体的地下是否有液体海洋。

4 ｜ 成分的证据

土卫二上存在地下海洋的最早的证据来自于对喷发物成分的测定。卡西尼号探测器直接对喷发出的物质进行取样，发现了一些富含钠的冰粒。这些测量结果为土卫二存在与硅酸盐相互作用的地下液态水提供了强有力的证据，有效地排除了水蒸气是通过升华而从固态冰中产生的可能性。

5 ｜ 表面特征

根据地表地质特征也能判断地下的某些特征。但总的来说，这种结论还需要证据支持。例如，尽管木卫二的许多地貌可能说明其存在地下海洋，但还没有确切的证据。木卫二、木卫三和木卫四上的陨石坑和多环结构，均表现出形态上的异常变化，这可能是由于流动的地下物质形成的，大概是海洋。

海洋是如何维持的？

卫星是否能发展和维持地下海洋取决于内部加热的速度与热量被带走的速度之比，以及液体的冰点。排热主要取决于冰壳是导电的还是对流的，而产生热量则主要依赖于放射性衰变和／或潮汐加热。当产热和热损失不相等时，壳体便会熔化／冻结，即：产热大于热损失，壳体熔化；相反壳体冻结。一般来讲，当二者差值为 1 毫瓦／米^{2}时，壳体熔化／冻结速度为每 10 亿年 100 千米。相比之下，100 千米厚冰层的扩散时间约为 3 亿年。这些较长的时间跨度表明，海洋，特别是在厚的导电冰壳下存在的海洋，其寿命可能与太阳系的年龄相当。

1 │ 防冻剂

考虑到某些物质的防冻效果非常显著，海洋结冰前必须冷却到的温度在很大程度上取决于它的成分。一个重要的例子是氨，其可将水的冰点降低近 100K。土卫二上检测到氨，且可能是土卫六大气中氮气的源头。氨冰在冥卫一和土星的一些卫星上存在，但木星的卫星上没有发现。缺氨会使木星卫星比遥远的天体更容易因冰冻而失去海洋。氨是最常提到的防冻剂，但也有其他的。例如，甲醇可能在土卫六的地下海洋中发挥防冻作用。

2 │ 热产生

对于冰冻卫星来说，主要有三种热源：吸积、放射性衰变和潮汐加热。即使对于木卫三这样大小的卫星，在吸积过程中释放的引力能也相当有限，所以这种最初的差异不会保存下来。如果吸积足够快，将会使冰发生融化，但对当今海洋存在的总体贡献很小，甚至可以忽略不计。

对许多天体来说，放射性衰变是主要的热源。热量将主要由钾（K）、铀（U）和钍（Th）的衰变提供。对于不同的天体，热量在硅酸盐内部积聚，然后通过传导、对流或平流转移到上面的冰上。半径 1000 千米的硅酸盐岩芯，其热扩散时间跨度比太阳系的年龄要长。因此，大型硅酸盐岩芯提供了一个长期的能量库，可以维持一个地下海洋。相反，对于像土卫二或土卫三这样具有小硅酸盐核心的天体，热量不能以这种方式储存。

▲ 木星冰月亮探索者

此外，潮汐加热也是某些天体的热量来源，指的是天体受潮汐的拉扯变形使得行星或卫星物质相互摩擦而加热的现象。

 未来

　　每当获得新的探测数据，人们对事物的理解就会取得新的进展。分析最近获得的新视野号探测器数据，对冥王星表面下的海洋会有进一步的了解。目前两个正在发展的任务与海洋世界特别相关：美国国家航空航天局的"木卫二快船"任务（Europa Clipper）和欧洲航天局到木卫三的"木星冰月亮探索者"任务（Juice）。按照目前的计划，这些探测器将于2022—2029年间抵达木星系统，可能会有一艘木卫二着陆器（Europa lander）紧随其后。每颗探测器都携带一台探冰雷达。如果成功，这些任务将彻底改变我们对伽利略卫星和更广泛的海洋世界的理解。近年的行星调查显示，木卫二任务是第二优先考虑的任务（火星样本返回后）。第三重要的任务是其他冰巨星任务，特别是天王星轨道器（Uranus orbiter）。以后，人们会对天王星的卫星有更多的了解。由于土卫六和土卫二在天体生物学上的潜力，引起人们极大的兴趣。人们有可能利用喷发活动对土卫二进行一次采样返回任务；对土卫六，人们已经提出了各种着陆器（漂浮在碳氢化合物海洋上）和轨道器的组合。

▲ 木卫二快船任务

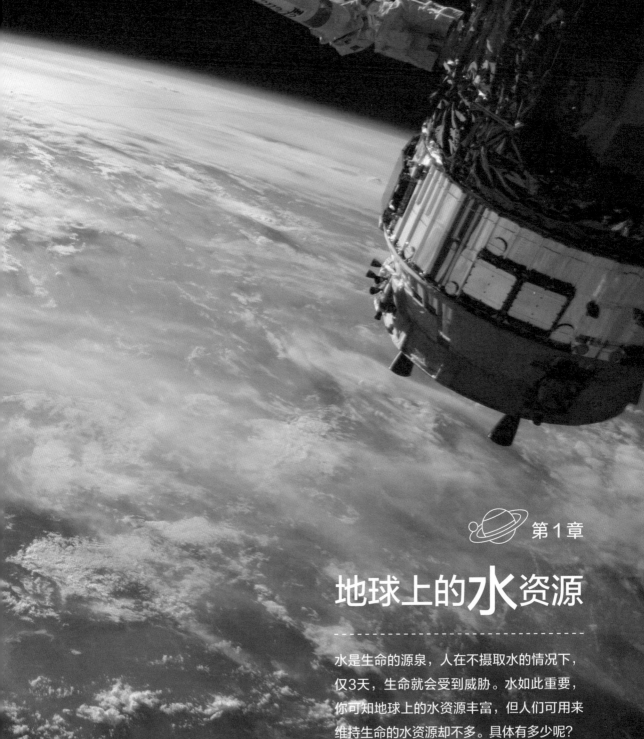

第1章

地球上的水资源

水是生命的源泉，人在不摄取水的情况下，仅3天，生命就会受到威胁。水如此重要，你可知地球上的水资源丰富，但人们可用来维持生命的水资源却不多。具体有多少呢？

 # 地球上有多少水？

▲ 地球上的水

地球上到底有多少水呢？大家知道，水是生命的源泉，地球上之所以有生命，一个最重要的条件是地球上有水。目前地球上的水是否能满足人类的需要？未来保护水资源，人类应当做些什么？

地球表面大约 71% 被水覆盖，海洋的水占地球上所有水的 96.5%。水存在于空气、河流、湖泊、冰盖和冰川中，也存在于地下和生物体中。水绝不是一动不动的，水不断地进行循环，从一个地方到另一个地方，从一种形式转换为另一种形式。没有水循环，地球上的水就不会那么新鲜。

下页图中蓝色球体代表地球上水与地球大小的相对数量。这些水球看起来如此之小，你感到惊讶吗？这是个三维图像，每个球体代表的是"体积"。由此可见，和地球的体积相比，地球上的水很少。

 地球上所有的水
液体淡水
湖泊与河流的淡水

▲ 地球上的水在这个蓝色的水珠里

你注意到那个最小的球了吗？它表示地球表面所有的湖水与河水，人类生活所需要的水大部分来自于这部分。

小贴士

淡水（free water），是除海水和微咸水以外的任何自然存在的水，包括冰原、冰盖、冰川、冰山、沼泽、池塘、湖泊、河流、溪流甚至地下水。

 # 地球上的水分布

　　全球水中，97.5% 是含盐水，2.5% 是淡水；总的淡水中，68.7% 在冰川和冰冠中，另外 30.1% 在地下。湖水和河水是人类利用的淡水的主要源头，但只有约占全球总水量的万分之一。

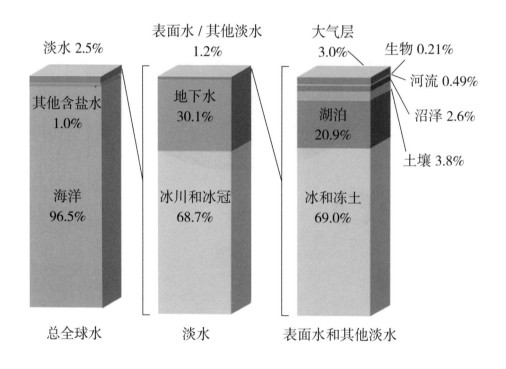

▲ 全球水分布

　　春季冰川融化会产生大流量的水。在一些地区，山区的雪场和冰川，在较小程度上是天然水库。在一些西方国家，多达 75% 的水供应来自融雪。

　　正如阿拉斯加的斯蒂芬斯冰川所显示的那样，冰川只是冰冻的冰河，向下流动。当一个地区的降雪远远超过夏季的融化量时，冰川开始形成。积雪的重量把已落下的雪压缩成冰。这些冰的"河流"是非常重的，如果它们在有下坡、斜坡的陆地上，整个冰盖就会慢慢地向下倾斜。这些冰川的大小不同，从足球场大小的斑块到上百千米长的河流不等。

▲ 融化的雪水

▲ 冰河

▲ 松岛冰川位于南极

地球上的淡水

　　淡水主要来自地下水和冰川冰冠。顾名思义，地下水（ground water）就是地面以下的水，是储存于地面以下岩石裂缝和土壤空隙中的水，按形态分为气态水、结合水（吸着水、薄膜水）、毛细水、重力水、固态水等。

　　地下水水量稳定，很少受气候影响，污染程度低，可作为居民生活用水、工业用水以及农业灌溉水源。此外，地下水是影响生态环境的重要因素，也是一种活跃的地质应力与信息载体。

　　地下水的水源主要来自地表水，如天然补给雨水、河道流水、湖泊与水库等，以及其他人为因素如超量灌溉、渠道渗漏或人工补注等。

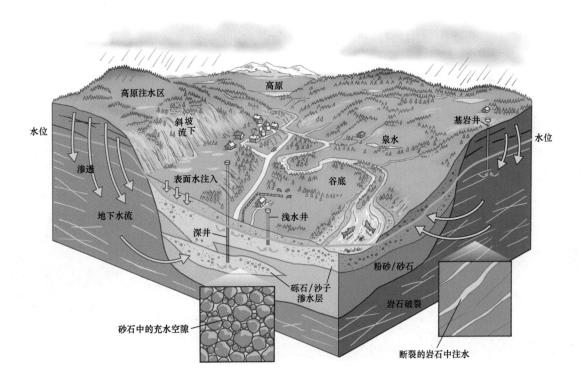

▲ 地下水产生示意图

　　冰川（glacier）是指大量冰块堆积形成如同河川般的地理景观，是一种巨大的流动固体。在终年冰封的高山或两极地区，多年的积雪经重力或冰川之间的压力，沿斜坡向下滑形成冰川。受重力作用而移动的冰川称为山岳冰川或谷冰川，受冰川之间的压力作用而移动的称为大陆冰川或冰帽。两极地区的冰川又名大陆冰川，覆盖范围较广，是冰川时期遗留下来的。冰川是地球上最大的淡水资源，也是地球上继海洋之后最大的天然水库。七大洲都有冰川。由于冰川形成于长年封冻地区，所以对冰川的研究，可以帮我们找到远古时代的地质信息。由于温室效应在高纬度地区和高海拔地区格外明显，地球上的冰川正以惊人的速度消失。对于直接流入大海的冰川来说，意味着巨型冰山的增多、海平面的上升以及沿海地区可能遭到淹没；对于高山上的冰川来说，则意味着山脚下河流水流量的不稳定，即在大量融雪时造成水灾，其余时间则造成旱灾。

　　冰川前进时会切割山谷两侧的岩石，将它们带往下游非常远的地方。在冰川退缩时，这些巨大的石块就被留在原来冰川的河道上，包括两旁山坡上。冰川流经的山谷会由原来的 V 字形横切面变成 U 字形横切面，历经千万年，粗糙的山谷岩层表面能被冰川移动摩擦至平滑。

　　地球上的冰川是相当壮观的，选择几个供大家欣赏。

▲　阿萨巴斯卡冰川（Athabasca Glacier）

▲ 阿莱奇冰川（Aletsch Glacier）

▲ 巴尔托洛冰川（Baltoro Glacier）

▲ 佩里托莫雷诺冰川（Perito Moreno Glacier）

　　下页照片展示的是 2005 年美国蒙大拿州冰川国家公园的格林奈尔冰川。自 19 世纪中叶以来，冰川一直在迅速消退，年度标志有 1850 年、1937 年、1968 年和 1981 年。高山冰川是气候变化的显示器。据调查，全球范围内冰川消融的原因是 19 世纪后半叶结束的小冰期以来气温上升的综合作用，以及温室气体的排放增加。

1850
1937
1968
1981
2005

▲ 格林奈尔冰川的规模正在缩小

 # 地球上的水是怎样循环的？

　　地球上的水总是处于运动状态，所谓水循环，就是水在地球表面、表面以上和以下的连续运动。水在地球的存在形态有固态、液态和气态，地球中的水多数存在于大气层、地面、地底、湖泊、河流及海洋中。水会通过一些物理作用，如蒸发、降水、渗透、表面流动和表底下流动等，由一个地方移动至另一个地方，如水由河川流动至海洋。

　　水循环没有起点，但是海洋是一个开始水循环的好地方。太阳驱动着整个水循环，首先使海洋里的水升温，一部分水变成水蒸气，蒸发到空气中。淡水湖和江河中同样也存在着蒸发现象。在陆地上，从植物和土地上蒸发的水分同样也变成水蒸气，蒸发到空气中。空气中少量的水来自于升华，也就是由冰和雪直接变成水蒸气，完全省略了融化过程。上升的气流将水蒸气带到大气层中，由于大气层中温度较低，水蒸气又凝结变成云。

　　气流驱使着云围绕地球运动，云颗粒互相碰撞，不断扩大并且变成降水从空中落下。有些水分以雪的形式降落，可堆积变成冰帽和冰川。当春回大地、气候变暖时，雪通常会融化，积雪融水沿地面形成融雪径流。虽然大部分降水都回到海洋，但仍有一些降落到陆地上，在地心引力的作用下，沿地表流动形成地表径流。一些地表径流汇入江河，并且作为河川水流进入大海，还有一些在江河湖泊中积聚为淡水。但是，并不是所有的径流都汇入地表水体，有很多都浸入了地面（渗透）。有些水渗透到深层地下，重新补充地下蓄水层（饱和地下岩层），长此以往，含水层便储存了大量的地下淡水资源。有些地下水滞留在地表，作为地下水流出，渗流回地表水体和海洋；有些地表水会碰到地面上的孔缝，变成淡水泉。水会不停地运动，有一些重新回到海洋，"结束"了水循环，但同时又开始了新一轮的水循环。

　　水由一个地方移动至另一个地方所需的时间可以以秒为单位，亦可以是以千年计。尽管水在循环中不断改变，但地球的含水量基本不变。

　　水会通过各种物理变化或生物物理变化而达成移动。而蒸发和降水在整个

水循环中担当非常重要的角色。河流所带动的水流只属于中等，而由冰直接升华更少。

▶ 水循环的典型过程

降水：一些空中凝结的水从空中坠下至地面或海面。降雨是最常见的降水现象。落雪、落冰雹、雾也是降水的现象。

植物截留：降水时，不是全部的水都落到地面或海洋，有一部分水会被树叶、树干等拦截，大部分水会再被蒸发至大气层中，少数由树木降回地面。

融雪：雪融时会产生一些径流。

径流：指水由一处移动至另一处，包括地面径流和地底径流。当径流发生时，水会渗入到地底、蒸发入空气、储存于湖泊或水库，以及被人提取作农业用途或其他用途。

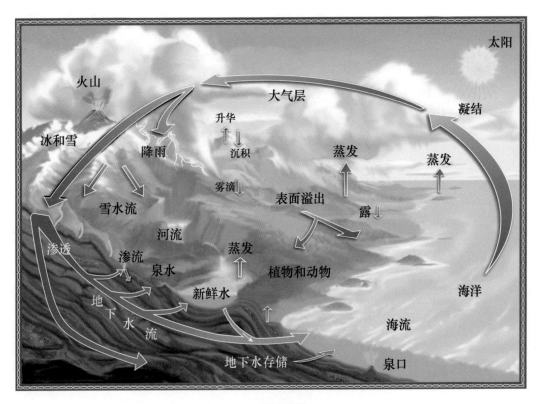

▲ 水循环图

渗透：水由地面渗入地底。

地下径流：水在地下蓄水层或地下水位线以上的空间流动。水会在较渗入地海拔低的地方返回地面。而因为地心吸力或由地心吸力所产生的压力关系，地下水会以非常缓慢的速度流动或是补充，所以地下水会存于地下蓄水层非常长的时间。

蒸发：指水由地面或湖泊、海洋等转变成气态即水蒸气返回大气层，此过程中需要的能量主要是来自太阳。蒸发往往涉及植物的蒸腾作用，但整体上仍然会把它们计算为蒸发量。在大气层中，大约 90% 的水来自蒸发，另外的 10% 来自植物的蒸腾作用。

升华：指固态水，即冰或雪直接转变成气态（水蒸气）。

移流：指固态、液态或气态的水在大气层中移动。没有移流，水只会在海洋中被蒸发却没有任何水降至陆地。

凝结：指水蒸气在空气中转变成液态的水，从而产生云和雾。

海水及海水利用

大家知道，海洋覆盖了地球表面的 71%，而地球上大约 97.5% 的水都是含盐的。据估计，如果海洋中的盐分可以被移走并均匀地分布在地球表面，那么它将形成一个超过 166 米厚的层，大约相当于一个 40 层的办公楼的高度。但是，这些盐是从哪里来的呢？答案很简单，海洋中的盐来自陆地上的岩石。下面是它的原理。

1 | 海水为什么是咸的？

海洋中的盐来自陆地上的岩石。雨水由于含碳酸（由二氧化碳和水形成）而微酸。当雨水落在岩石上，雨水中的酸会分解岩石，产生离子。这些离子被径流带走，流到小溪和河流中，最终流入海洋。许多溶解的离子被海洋中的生物利用，并从水中除去。其他的则不会被耗尽，并随着时间的推移，浓度增加。海水中两种最易溶解的离子是氯离子和钠离子，它们加起来占海洋中溶解离子的 90% 以上。海水中盐的平均浓度约为千分之三十五，换句话说，大约 3.5% 的海水重量来自溶解盐。

2 | 盐也从下面上来

河流和地表径流并不是溶解盐的唯一来源。热液喷口是最近发现的海洋底部的特征，这些特征为海洋中溶解的矿物质提供了依据。这些喷口是海底的出入口，在这里海水渗进了海洋地壳的岩石中，变得越来越热，溶解了一部分来自地壳的矿物质，然后再回流到海洋中。据估计，从这些喷口流出的热液流体的数量表明，海洋可能会在大约 1000 万年的时间里渗透到海洋下的地壳中。因此，这个过程对盐度有非常重要的影响。然而，海水和海洋玄武岩之间的反应不是单向的，一些溶解的盐与岩石发生反应，从而离开海水。

为海洋提供盐的最主要来源是海底火山活动，即水下的火山爆发。这与海水与热岩石发生反应，溶解了一些矿物成分的过程相似。

3 | 盐水

首先，我们所说的"盐水"是什么意思。盐水含有大量的溶解盐，而最常

见的是氯化钠（NaCl）。一般情况下，盐水的浓度指的是水中的盐含量，一定情形下也可以用来表征盐的重量。

4 | 咸水可以用来做任何事吗？

既然地球上所有的淡水及在海岸附近的所有盐水都可以利用，我们为什么会担心水资源短缺呢？这是一个水质问题而不是水量问题。在原始状态下，盐水不能直接用于日常用水，比如饮用、灌溉和许多工业用途。轻微的盐水有时可当淡水使用。例如，在科罗拉多州，含盐量高达 2.5×10^{-3} 的水被用于灌溉作物。通常情况下，盐水的使用是有限的。毕竟，你在家里不喝盐水，农民通常不会用它来灌溉，牧民也不会让牛羊饮用。

盐水有时也很有趣，如中东的死海是盐水湖，你在上面躺着不会沉到湖底，你可以在死海上享受漂浮在水上的独特感觉。那么，盐水还能被用来做什么呢？它还能变得更有用吗？

答案是肯定的。盐水可以变成淡水，许多场合也可以用到盐水。

我们都意识到需要节约淡水。随着世界范围内不断增长的人口对水的需求的增加，人们试图找到更多的水资源，而大多数水资源在海洋中，因此盐水的利用非常有必要。据统计，2005 年美国使用的所有水中，有 15% 是含盐的。其中，95% 的盐水被热电工业用来冷却发电设备，5% 的盐水被用于采矿和工业用途。

▲ 死海及岸边

★知识总结

写一写你的收获

第 2 章

太空喷泉：土卫二

太阳系有一个特殊的天体，它爱显摆，肚子里确实有水，但生怕别人不知道，经常从南极地区喷出一些，有时还很壮观，喷发高度快赶上自己直径了。这个天体就是被称为"太空喷泉"的土卫二。

土卫二的身世和长相

太空喷泉颇壮观，水汽磅礴冲九天。
连续喷发源何处，地下海洋是源泉。

土卫二（Enceladus）以希腊神话中的巨人恩塞拉达斯来命名。希腊神话中身形雄伟、力大无穷的巨人族，共有 150 人，是大地女神盖亚与天神乌拉诺斯的孩子。巨人与奥林帕斯神之间发生战争，即所谓巨人战争，是希腊神话中继泰坦战争之后最伟大的神祇战争。这场战争极其惨烈，其规模宏大可与泰坦战争相比。战场在佛勒格拉平原（这个地名的意思是"火场"）。巨人用巨大的

▼ 土卫二南极的喷泉

石头和着火的林木向奥林帕斯山上砸去，奥林帕斯众神则用他们强大的武器作战。基于赫拉克勒斯的帮助，奥林帕斯神取得了胜利，所有巨人都被消灭。帕加马祭坛上的浮雕就表现了众神与巨人的搏斗场面。

▲ 柏林帕加马博物馆复原的帕加马大祭坛上，宏伟的巨人战争浮雕

　　神话归神话，我们回到正题，说说土星的这颗卫星。土卫二是土星的第六大卫星，于 1789 年被威廉·赫歇尔发现。旅行者号探测器探测土星之前，人们只知道土卫二是一个被冰覆盖的卫星。旅行者 1 号探测器发现土卫二的轨道位于土星 E 环最稠密的部分，表明两者之间可能存在某种联系；而旅行者 2 号探测器则发现，尽管该卫星体积不大，但其表面既存在古老的撞击坑构造，又存在较为年轻的、地质活动所造成的扭曲地形构造。2004 年开始环绕土星运行的卡西尼号探测器提供了更丰富的数据，解开了旅行者探访之后留下的诸多疑团。在卡西尼号探测器长达 13 年的土星之旅期间，曾 23 次近距离飞越土卫二，获得了该卫星表面及其环境的大量数据，特别是发现了从该卫星南极地区喷射出的富含水分的羽状物。该发现，以及可探测到的逃逸内能的存在、南极地区极少存在撞击坑的情况，共同证明了土卫二至今仍有地质活动。

▲ 土卫二

土卫二的赤道直径为504.2千米，公转周期和自转周期都是1.370218天，平均密度为1.61克/厘米^3。土卫二最大的特点是反照率高达100%，是太阳系中反照率最高的天体。因此，其表面温度仅−201℃。

土卫二表面至少有五种地形：直径不大于35千米的陨石坑、平缓的平原、波状的丘陵、沿直线延伸的裂缝与山脊。所有这些都说明目

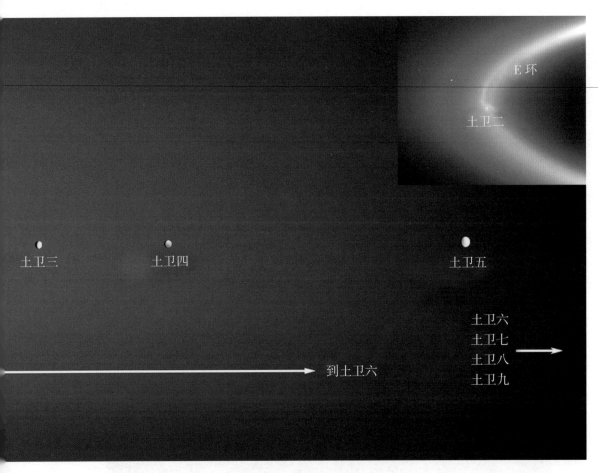

E 环

土卫二

土卫三　　　　土卫四　　　　　　　　　土卫五

土卫六
土卫七
土卫八
土卫九

到土卫六

▲　土卫二位置

前土卫二内部可能有液体。土卫二表面也广泛分布着环形山地形，但随着位置
不同，环形山的密度以及退化的程度相差很大。

　　卡西尼号探测器发回的照片表明，构造作用是土卫二地貌演化的主要方式。
土卫二表面最引人注目的构造特征就是 200 千米长、5~10 千米宽的断层，以
及 1 千米深的峡谷。沟状地形在土卫二表面多见于平坦地带与环形山密布地带
的过渡地区。除去这两种外，还见于环形山地貌中的数百米宽的断层，成组的
平行直线形沟与曲线形的沟、山脊，以及多种构造特征的混合。土卫二的平原
地带起伏很小而且只有很少的环形山，表明平原地带很年轻，可能只有数百万
年的历史。卡西尼号探测器发回的高清照片显示，在旅行者号探测器发回的照
片中看似光滑的平原地区，实际上也布满了起伏较小的山脊与断层。

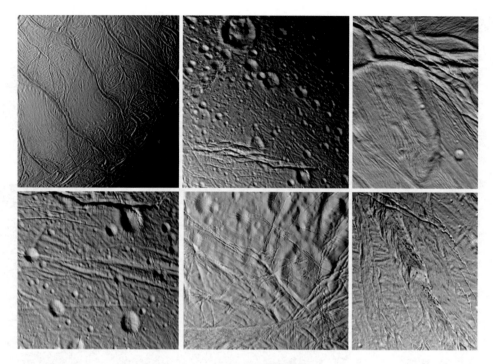

▲ 土卫二的表面特征

▲ 土卫二平面图

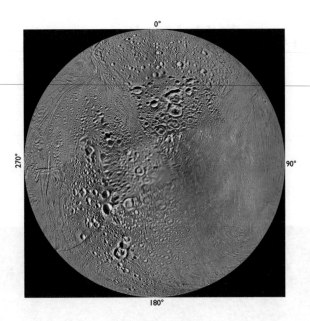

▲ 土卫二北半球

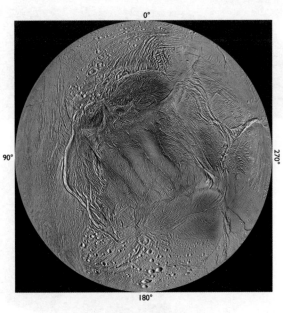

▲ 土卫二南半球

上图（土卫二南半球）的蓝—绿色条纹状区域称为"虎纹"区（tiger stripes region），显示出长的（约 130 千米）、陨石坑状的特征，坑间的距离约 40 千米，大体上互相平行。这个区域被认为是土卫二喷出的羽状水柱的源头。该区域最主要的是晶体冰。

土卫二奇特的喷泉

2005 年 2 月，卡西尼号探测器发现了在土卫二南极存在液体水的证据。在此后的飞越过程中，陆续发现了新的喷射点。到卡西尼号探测器结束观测使命，共发现土卫二有 101 处间歇式喷泉。

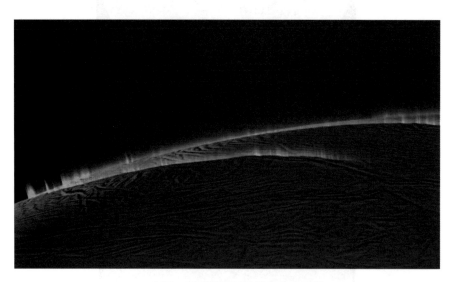

▲ 土卫二表面类似于柱状的火山喷发

▲ 土卫二南极的喷发情况

▲ 土卫二南极喷发艺术图

卡西尼号探测器携带了离子和中性质谱仪，这种仪器能测量喷出物各成分的含量。下表给出了土卫二羽状水柱的主要成分，最小和最大值表示该成分数值的范围，标准偏离表示最大的统计不确定性。

▼ 羽状水柱的主要成分

成分	最小	最大	标准偏离
H_2O	0.9070	0.9150	0.0300
CO_2	0.0314	0.0326	0.0060
质量数 28（CO或N_2）	0.0329	0.0427	0.0100
CH_4	0.0163	0.0168	0.0040

羽状水柱产生的理论模型可用于解释水蒸气和冰粒子产生的机制。这个模型展示了温暖表面冰的升华。升华是由固体到气体的直接变化，没有经历液态。温度在 273K 以上加压的液体水成为喷泉的源，将冰物质喷流射向南极上空。

在此之前，人们知道在太阳系中至少有三个天体存在活动的火山现象：木卫一、地球、海卫一。卡西尼号探测器的发现使土卫二成为这个独特俱乐部的最新成员，而且是太阳系最能激起人们兴趣的地方。太阳系其他星体可能有由几千米厚的冰层覆盖的液体海洋，但土卫二最大的不同是其液体水可能在表面以下不足几十米。当卡西尼号探测器靠近土星时，曾发现土星周围弥漫着氧原子。当时不知这些氧原子是从哪里来的，现在可以肯定，是土卫二喷出的水分子分裂成氧和氢。

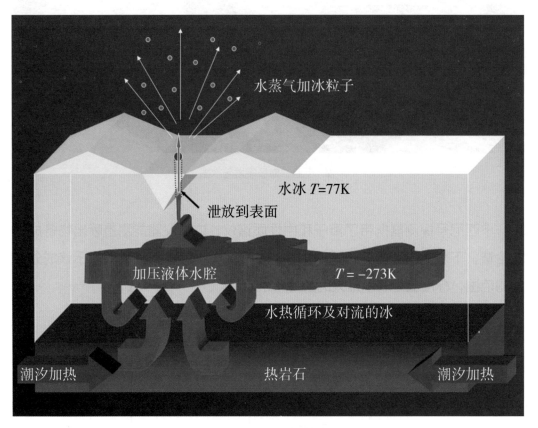

▲ 产生羽状水柱的喷泉模型

土卫二上水的发现也带来许多问题，为什么土卫二处于如此活跃的状态？这种活动可以持续到产生生命吗？

从发现喷泉到确定海洋

2005 年 2 月 17 日，卡西尼号探测器第一次飞越土卫二，距其表面 1167 千米，磁强计首次测量到磁场。3 月 9 日，卡西尼号探测器到达距离土卫二 500 千米的高度，又有了新发现。其观测到磁场是弯曲的，磁层等离子体的运动是缓慢的。从理论上说，这种情况是由于带电粒子与磁场相互作用引起的，那么，带电粒子是从哪里来的呢？进一步的观测表明，带电粒子来自被电离的水蒸气。这个新的观测结果可能是土卫二有源自表面或内部气体的第一个证据。

照理说土卫二太小，其引力不足以长期维持一个大气层的存在。因此，土卫二一定有一个维持大气层的连续的源。这个源是什么呢？

2005 年 7 月 14 日，卡西尼号探测器距离土卫二表面 175 千米飞越，收集到的数据证实，土卫二有一个动力的大气层，而且大气层含有 65% 的水蒸气。水蒸气的密度随高度变化，说明水蒸气的源在土卫二上。

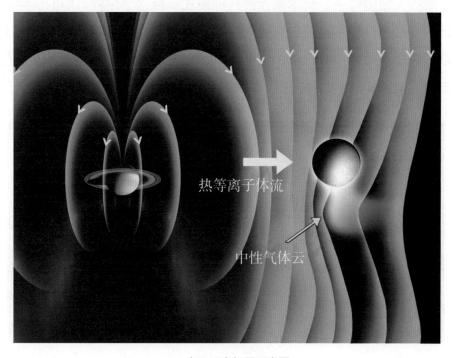

热等离子体流

中性气体云

▲ 土卫二大气层示意图

卡西尼号探测器携带的另一个仪器——合成红外光谱仪显示，土星二的南极比预计的温暖。赤道附近的温度达到酷寒的 80K，这是在预料之中的。照理说，极区应当是比较冷的，但是，土卫二南极的平均温度达到 85K，远比预计的高。集中在"虎纹区"附近极小的范围则更温暖，某些地方甚至超过 110K。

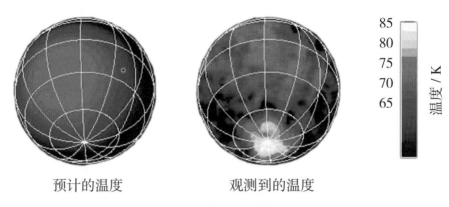

预计的温度　　　　观测到的温度

▲ 卡西尼号探测器观测到的土卫二南极温度

2006 年 3 月 8 日，卡西尼号探测器项目科学家发现了向土卫二喷泉输送水源的证据。卡西尼号探测器高分辨率的成像显示，冰喷射和高耸的羽状物以高速度喷射大量的粒子。科学家通过几种模式解释这个过程。他们认为粒子是由暖冰转换成气体时从土卫二表面产生的。科学家发现了更多的证据证明，喷流是从近表面液体水中喷出的，这些水的温度在 0℃以上，很像美国黄石公园的老忠实间歇泉。

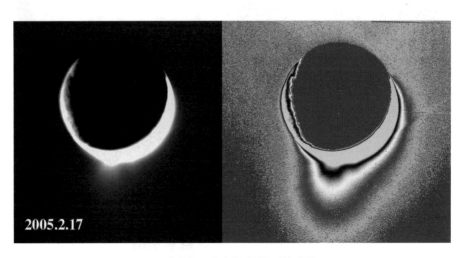

2005.2.17

▲ 卡西尼号探测器拍摄到的喷流

2007年10月，卡西尼号探测器提供了结论性的证据，喷流来自"虎纹区"断裂最热的斑附近。卡西尼号探测器成像团队利用两年时间获得的地质活动图像确定了最突出的喷射物的位置，发现所有的喷流似乎都来自4个主要的虎纹区。

蓝色喷流图组合了3幅经过滤波的图片，处理时突出了蓝色，这是为了产生引人注目的效果。

土卫二喷流的源图显示了土卫二南极区喷流源与表面热板之间的相关性。8个已经辨别的喷流源位置用黄色罗马数字标出，热斑用红色盒子表示，并用绿色大写字母标号。在每幅图像测量到的每个源的视线交叉点用钻石符号表示，白色圆圈表示这些交叉点位置的不确定性。在这幅图中，南极位于中心，4个虎纹沟槽也示于图上。

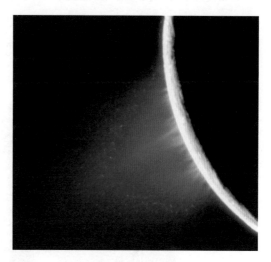

▲ 蓝色喷流（伪彩色）

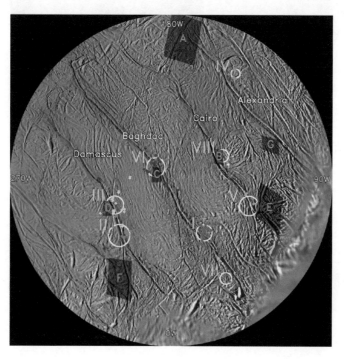

▲ 土卫二喷流的源

卡西尼号探测器研究团队经过仔细分析 7 年的观测数据发现，土卫二在围绕土星运行时，轨道有很轻微的可测量到的摆动。由此判断，土卫二内部存在一个全球性的海洋，观测到的南极喷泉都是由这个海洋馈送的液体水。计算表明，30 千米厚的冰层下有着大约 10 千米深的海洋。

轨道的轻微摆动是因为土卫二不是完美的球形，当它围绕土星运行到不同位置时，有时稍慢些，有时稍快些。如果表面与核是刚性地连接在一起的，摆动将比现在观测到的小很多。现在的观测结果表明，土卫二肯定是层核分离的。

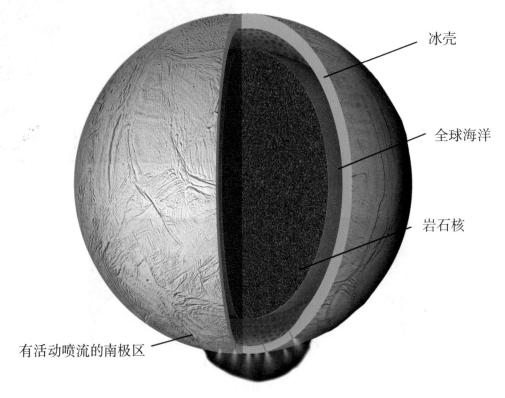

▲ 土卫二的内部结构

下图给出土卫二含水（冰）量与地球的比较。由于土卫二的体积太小，含水量无法与地球相比，但从单位体积的含水量来看，土卫二的含水量要高于地球。

地球	水球	木卫二	水球	冰球
1083.21 ZL	1.335 ZL	0.07 ZL	0.01ZL	0.02 ZL

$$1ZL=10^{21} 升 =10^{18} 立方米$$

▲ 土卫二含水量与地球的比较

⭐ 小贴士

水球指的是液体水，不包括固态水。

 # 土卫二可能有生命吗？

在土卫二南极的"虎纹区"，卡西尼号探测器发现了 101 个间歇式喷泉，喷出的主要物质是水蒸气。土卫二的南极是非常寒冷的，在这样寒冷的地方不断喷出水蒸气，那么，土卫二是否有一颗温暖的心呢？如果有这样一颗心，是否也能孕育生命呢？

根据目前的理论和观测，认为土卫二很可能存在生命，理由有六：

1 | 土卫二含有丰富的液体水

液体水是维持生命的重要条件，根据前面的介绍，土卫二还有液体海洋，因此具备维持生命的基本条件。

2 | 从土卫二的喷泉中探测到有机物

根据卡西尼号探测器的观测结果，土卫二的羽烟中含有多种有机物，包括简单的和复杂的碳氢化合物，如丙烷、乙烷和乙炔。这一发现提高了土卫二表面存在生命的可能性。卡西尼号探测器上的离子和中性粒子分光计对羽状物的物质构成进行测量后发现，其与大部分彗星的物质构成相近。

3 | 土卫二有热源

多种观测仪器的观测结果表明，在土卫二南极地区，这种从受压的地下腔室中喷发羽状物的活动类似于地球上的喷泉。由于离子和中性粒子分光计和紫外线光谱仪均未在喷射物质中发现氨，因此科学家预测，在土卫二地下受热、受压的腔室中流动着温度至少达到 −3℃、近乎纯净的液态水。由冰融化为纯水，比之氨水混合物的融化需要更多的热量。这种热量可能来自引力潮汐能或辐射源所产生的能量。

卡西尼号探测器也观测到南极"虎纹区"的温度比较高，最高可达到180K，而其他地区的表面温度只有 72K，说明"虎纹区"的底部有一定热量释放。现在，科学家认为放射性衰变和潮汐效应共同提供了液态水存在所需要的热量，因为如果只有潮汐效应无法提供如此多的热量。

4 ｜土卫二上有维持生命的元素

维持生命的六种元素，土卫二有四种——碳、氢、氧和氮，只缺磷和硫。

5 ｜土卫二有三种维持生命存在的生态系统

近些年来，在地球上没有阳光、没有氧气的地方发现了生命。许多微生物从不同种类矿物的相互作用中提取能量，还有的是从岩石的放射性衰变过程中吸取能量。生态系统完全与地球表面光合作用产生的氧和有机物质无关。这些不同寻常的微生物生态系统可能存在于今天的土卫二中。因此，土卫二有生命的基础。其中两个系统是产甲烷菌，这种菌属于和细菌有关的古老菌群，名为古生菌，这类菌经历了无氧的严酷环境存活下来。剩余的一种生态系统是由岩石的重大放射性衰变产生的能量供能的，曾在南非深的矿井中发现。

6 ｜地球上生命起源的原始汤理论和深海热泉理论可以应用到土卫二

科学家认为，地球上的所有生物都源自同一实体，一种 30 亿年或 40 亿年前漂浮在"原始汤"周围的原胞。这种实体是什么样子呢？它又是如何生活以

▲ 海底热液喷泉

及生活在哪里呢？科学家正一步步为我们解开这些谜团。1871 年，达尔文在一封信里这样写道："生命最早很可能诞生在一个热的、小的池子里面。"科学家在世界各地的大洋海底相继发现海底热液和"黑烟囱"。

近年来，一些科学家提出了"生命起源于海底热液喷口"的理论，按照这个理论，海洋刚形成时，海底热液活动的强度是现今的 5 倍。广泛并剧烈的海底热液活动导致了地球内部热量的散逸以及大量还原性金属元素和气体的产生。因此，那个时候的海洋处于强还原环境，富含还原态的铁、铜、锌、铅、锰等金属离子，以及甲烷、氢气和硫化氢等气体，海水的温度维持在 70℃~100℃。由于光合作用还没有出现，大气中几乎不含氧气，二氧化碳的含量很高，因而海洋呈酸性。不难看出，早期海洋所具有的环境与现代海底热液喷口周围的环境非常相似。科学家猜想，正是在早期海洋海底热液喷口周围，生命开始悄悄地萌芽了。

▲ 海底"黑烟囱"

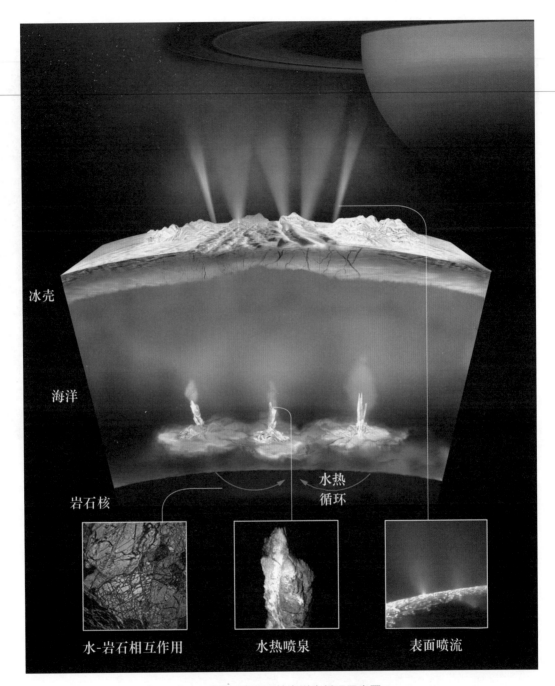

冰壳

海洋

岩石核

水热
循环

水-岩石相互作用   水热喷泉   表面喷流

▲ 土卫二表面下的海洋水循环示意图
与地球深海的"黑烟囱"情况类似，在土卫二的喷流中含有甲烷，
甲烷可能来自地下的化学过程，也可能来自微生物过程。

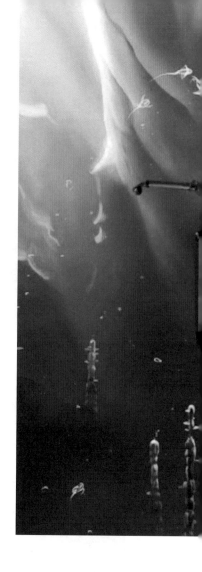

　　最近一些年，我国科学家经过长期不懈的野外"追踪"，终于在世界上首次发现完整的古海底"黑烟囱"，它们的地质年龄初步判断为 14.3 亿"岁"。此前，仅在俄罗斯、爱尔兰发现了 3 亿至 4 亿年前的"黑烟囱"残片。

　　在这些炽热的"黑烟囱"的周围活跃着一个崭新的生物群落——热水生物，可能包括管状蠕虫、贻贝、蛤、虾以及化学自养细菌，从而构成了繁荣的深海生物圈。因为处在海洋深处，阳光无法照射到那里，它们不能依靠光合作用来合成生命物质，只能通过自身的化学反应合成生命物质来生存。在这里，海水的水温高达 350℃，生物生活在既无氧也无光的高温高压环境下，并依靠氧化大量有毒有害的硫化物获得生命的能量。

　　那么，哪些生物才是地球上所有生命的"共同祖先"呢？科学家根据"分子进化时钟"的基因测序，勾勒出地球上所有生物的"生命进化树"。他们发现，位于"进化树"根部，代表着地球上所有生物"共同祖先"的微生物，绝大多数是从海底热液环境中分离得到的超嗜热古菌。它们的平均最佳生长温度超过 80℃，能够利用热液喷口周围环境中的各种无机化学反应所释放出来的能量来维系自身的生命活动，进而支撑整个生态系统。这些微生物完全能够适应古代海洋苛刻的环境条件，是生命起源于海底热液喷口的核心证据。

▲ 土卫二可能有海洋生物

写一写你的收获

第 3 章

海之信使：海卫一

海卫一有很多特别之处，它是逆行轨道，而且质量相对较大。它以希腊神话中的海之信使命名。让我们看看它有多少水呢？

　　海王星最大的卫星海卫一叫特里同（Triton）。特里同是希腊神话中的海之信使，是海王波塞冬和海后安菲特里忒的儿子。他一般是一个人鱼的形象。就像父亲一样，他也带着三叉戟，不过他特有的附属物是一个海螺壳，用来当作号角以扬起海浪。当他用力吹响这只海螺的时候，就像一只凶猛的野兽所发出的咆哮，连具有神力的巨人都为之动容。随着时间流逝，特里同的名字和形象开始被联系到一族或男或女的人鱼生物"特里同斯"（Tritons），他们通常组成海神的护卫队。

月球

海卫一

地球

▲ 海卫一与月球和地球比较

 轨道特征

　　海卫一是太阳系最冷的天体之一，具有复杂的地质历史和一个相对来说比较年轻的表面。海卫一地质活动活跃，很少有撞击坑。

▲　海卫一表面

　　1846 年 10 月 10 日，威廉·拉塞尔（William Lassell）发现了海卫一（这是海王星被发现后的第 17 天）。拉塞尔以为他发现的是海王星的一个环，虽然后来发现海王星的确有一个环，但是拉塞尔的发现还是值得怀疑，因为实际上海王星的环太暗了，拉塞尔不可能用他的仪器观测到。

　　在所有太阳系的大卫星中，海卫一的轨道很特别，它有一个逆行轨道（轨道公转方向与行星的自转方向相反）。虽然木星和土星的一些外部小卫星以及天王星最外部的三颗卫星也是逆行轨道，但这些卫星中最大的土卫九的直径只有海卫一的 8%，其质量只有海卫一的 0.03%。逆行的卫星不可能与其行星同时在太阳星云中产生，因此它们是后来被行星捕获的。海卫一可能是被海王星捕获的开伯带天体，这个理论可以解释一系列海王星卫星系统不寻常的地方，比如为什么海王星最外部的海卫二的偏心率特别高，以及为什么相比于其他类木行星来说海王星的卫星特别少（木星 79 颗、土星 62 颗、天王星 27 颗、海王星 14 颗）（在海卫一被捕获的过程中有许多小卫星可能被甩出了海王星系统），以及为什么海卫一内部明显分层（其轨道原本的偏心率非常大，所造成的潮汐作用产生的热量使得其内部很长时间里都是液态的）。

　　海卫一的大小和组成类似冥王星，冥王星的偏心率使它的轨道与海王星交叉，这表示海卫一本来可能是一颗类似冥王星的天体，后来被海王星俘获。

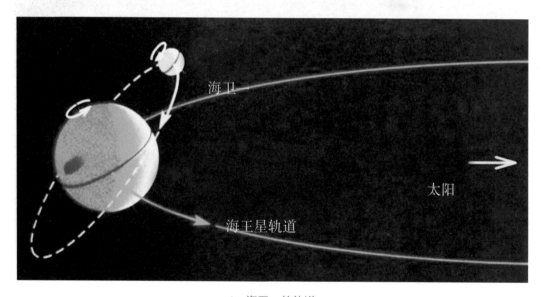

▲　海卫一的轨道

　　由于海卫一的轨道本来就离海王星非常近，加上它的逆行轨道，它受潮汐作用的影响，估计在 14 亿年到 36 亿年内它会达到洛希极限，之后它可能与海王星大气层相撞，或者分裂成一个环。海卫一离海王星非常近，加上它的体积比较大，潮汐作用使得它的轨道几乎是一个完美的圆，偏心率小于 0.00002。

 **物理特征**

海卫一的平均密度为 2.061 克 / 厘米 ^{3}，地质上估计含有 15%~35% 固态冰及其他岩石物质。它拥有一层稀薄大气，主要成分是氮，以及少量甲烷，整体大气压约为 0.01 毫巴。它的表面温度低于 40K，但是高于 35.6K，因为在这个温度下，固体氮的相态发生变化，从六角形的晶体相态变为立方体的晶体相态。估计的最高温度来源于通过测量氮在海卫一大气中的蒸汽压，而在这个蒸汽压下，固态与气态平衡的温度低于 40K。这说明海卫一的表面温度甚至低于冥王星的表面温度（44K）。海卫一的表面面积为 2300 万平方千米，这相当于地球表面面积的 4.5%。

海卫一的轨道与海王星的自转轴之间的倾角达 157°，与海王星的轨道之间的倾角达 130°，因此它的极几乎可以直对太阳。随着海王星环绕太阳的公转，每 82 年海卫一的一个极正对太阳，这导致了海卫一表面极端的季节变化。其季节变化的大周期为 700 年。上一次海卫一的盛夏在 2007 年。

从海卫一被发现以来，它的南极就朝向太阳。旅行者 2 号探测器飞越海王星时发现，海卫一的南半球被一层冻结的氮和甲烷覆盖，这些甲烷可能正在慢慢蒸发。

这个蒸发和冻结的过程对海卫一的大气有影响。近年来通过掩星的观测证明，从 1989—1998 年，海卫一的气压加倍。大多数模型预言这个气压的增高是由于极部的易挥发气体蒸发导致的，但也有些模型认为这些蒸发了的气体会在赤道附近重新冻结起来，因此海卫一气压增高的原因还没有定论。

表面特征

　　海卫一的大小、密度和化学组成与冥王星差不多，由于冥王星的轨道与海王星相交，因此海卫一可能曾经是一颗类似冥王星的行星，被海王星捕获。所以海卫一与海王星可能不是在太阳系的同一地区形成的，海卫一可能是在太阳系的外部形成的。

　　即便如此，海卫一与太阳系的其他冻结卫星也有区别。海卫一的地形类似天卫一、土卫二、木卫一、木卫二和木卫三，它还有类似火星的极地。

　　通过分析海卫一对旅行者 2 号探测器轨道的影响，可以确定海卫一有一层冰的地壳，下面有一个很大的核（可能含有金属）。这个核的质量占整个卫星质量的 2/3，这样一来，海卫一的核是继木卫一和木卫二之后太阳系里第三大的。海卫一的平均密度为 2.061 克 / 厘米 ^{3}，它的 25% 是冰。

　　海卫一的表面主要由冻结的氮组成，但它也含干冰（二氧化碳）、水冰、一氧化碳冰和甲烷。估计其表面还含有大量氨。海卫一的表面非常亮，60%~95% 的入射阳光被反射（相比而言月球只反射 11% 的入射阳光）。

　　海卫一的表面密度可能不均匀，从 2.07~2.3 克 / 厘米 ^{3} 不等。它的表面有岩石露头，也有深谷，部分地区被冻结的甲烷覆盖。

　　海卫一的南极地区被冻结的氮和甲烷覆盖，偶尔有撞击坑和喷泉。这个地区的反光率非常高，它吸收的太阳能非常小。由于旅行者号探测器飞过海卫一的北极地区时已经在夜区里了，因此那里的情况不明，但估计那里也有一个极冠。

　　海卫一的赤道地区由长的、平行的、从内部延伸出来的山脊组成，这些山脊与山谷交错。这个地形的东部是高原。南半球的平原周围有黑色的斑点，这些斑点似乎是冰升华后的遗留物，但是其组成和来源不明。海卫一表面大多数的坑是冰滑动或者倒塌导致的，而不像其他卫星上是撞击坑。旅行者号探测器发现的最大的撞击坑直径 500 千米，它一再被滑动的和倒塌的冰覆盖。

　　旅行者 2 号探测器从 13 万千米高处拍摄到哈密瓜皮地形（cantaloupe），

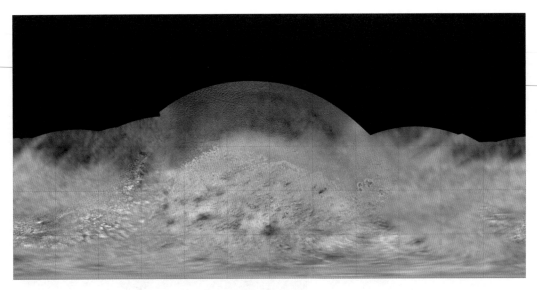

▲ 海卫一展开图

▲ 哈密瓜皮地形

该地形是太阳系中最奇怪的一个地形之一。因它看上去像哈密瓜的瓜皮，由此得名。其成因不明，但有可能是由于氮的一再升华和凝结、倒塌，冰火山的一再掩盖造成的。虽然这里只有少数撞击坑，但一般认为这里是海卫一表面上最老的地形。北半球有可能大部分被这样的地形覆盖。迄今为止这个地形只在海卫一上被发现。在这个地形上还有直径 30~50 千米的洼地，这些洼地可能不

是撞击坑，因为它们的形状非常规则，但究竟是什么原因造成的，目前还不能确定。

　　旅行者 2 号探测器于 1989 年 8 月 25 日拍摄的海卫一图片中，最小可见特征大约是 4 千米。一些特征可能是火山沉积，如在峡谷旁边平坦的、暗色的物质。条纹本身似乎源于很小的圆形源，一些是白色的，像是图中心附近明显的条纹的源。这种源可能是小的、具有喷发活动的火山喷泉。颜色可能是发光的甲烷引起的，从粉红到红色，而氮是白色。

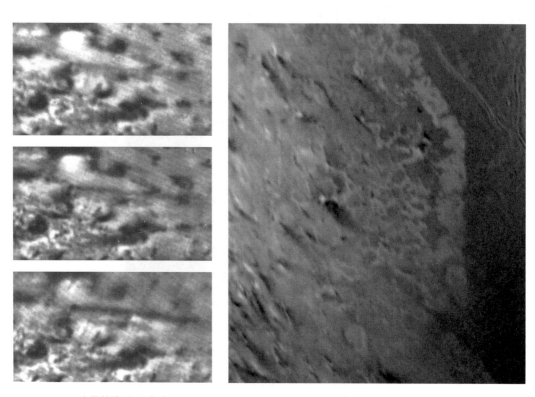

▲ 喷发的海卫一火山　　　　　　　　▲ 海卫一上的冰火山

 # 可能存在地下海洋

　　科学家推测海卫一可能存在地下海洋，行星潮汐力与内核放射性同位素衰变释放的热量，氨等抗冻剂的存在增加了存在液态水的可能性，在这样一个地下海洋中，有可能演化硅基生物。

　　早期的太阳系是一个急剧变化的地方，许多天体在变换轨道并互相撞击。海卫一很可能是一颗来自开伯带的天体，在海王星的轨道之外。由于受到强烈撞击，向太阳系内部快速运动，直到被海王星的引力捕获。被捕获后，海卫一处于一个高度椭圆形的偏心轨道上，这种轨道会对卫星施加巨大的潮汐力，而这些潮汐的摩擦力会导致能量损失。能量损失在卫星内部转化为热量，而这些热量可能融化了卫星内部的一些冰，并在海卫一的冰壳下形成了一个海洋。潮汐带来的能量损失也导致了海卫一的轨道从椭圆形逐渐变为圆形。

　　另一类加热源是卫星或行星中放射性同位素衰变所产生的热量，这个过程可以数十亿年持续产生热量。

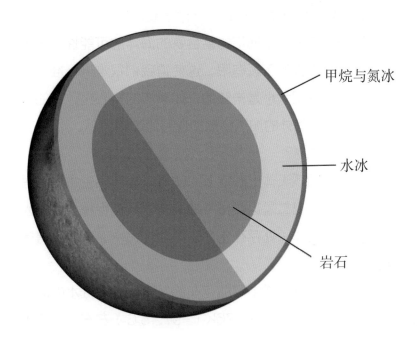

甲烷与氮冰

水冰

岩石

▲　海卫一早期的结构

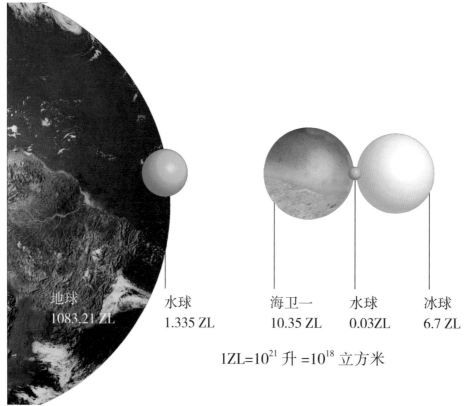

地球	水球	海卫一	水球	冰球
1083.21 ZL	1.335 ZL	10.35 ZL	0.03ZL	6.7 ZL

$$1ZL=10^{21} 升 =10^{18} 立方米$$

▲ 海卫一和地球含水量对比

怎样长期维持海洋的存在也是一个重要问题。

在海卫一中存在一个地下的富含氨的海洋的可能性非常大。但是，我们对海卫一的内部和过去的了解有限，这使得我们很难进行准确预测。例如，海卫一的岩石内核的确切大小是未知的。如果核的核心比计算的值大，那么就会有更多的辐射加热，额外的加热会增加现存海洋的大小。

能否有海洋生物？

在冰冷的太阳系天体上的地下海洋可以为原始生命提供潜在的栖息地。目前，木星的卫星木卫二是这类栖息地的主要候选行星，尽管人们对此仍有很多争论。在海卫一海洋深处存在生命的可能性比木卫二要小得多，但它仍然不能被完全排除。

在海卫一的地下海洋中可能存在的氨可能会降低水的冰点，从而使其更适合生命存在。海洋的温度在 176K（-97.15℃）左右，这将大大减缓生物化学反应，并阻碍进化。然而，人们发现了地球陆地上的一种酶可以加速生化反应

的速度，在 170K 的温度反应仍可发生。

　　另一种更遥远的可能性是，假设硅，而不是碳，实际上可以作为生命的基础，海卫一可以以硅为基础产生生命体。硅烷是碳氢化合物的结构类似物，在适当的条件下它可以作为生命的组成部分。寒冷的气温和在海卫一上有限的碳含量可能适合硅基生命的存在。

⭐ 知识总结

写一写你的收获

第 4 章

"水女神"：土卫四

土卫四是环绕土星运行的一颗卫星，于1684年被发现。研究人员根据"卡西尼"号探测器提供的重力数据发现，在土卫四地层下约100千米的深处存在着一个巨大的地下海。

 # 土卫四的全球特征

土卫四（Dione）是环绕土星运行的一颗卫星，轨道半径是 377420 千米，它的自转周期与公转周期一样长，都是 65 小时 41 分钟，即同步自转。它的自转轴与公转轴之间的交角为 0.006 度。土卫四的平均直径为 1118 千米，主要由冰组成，它的内部含有相当多的硅酸盐岩石。

帕多瓦峡谷

伊万德

▲ 土卫四地形图

上图（左）右下方是一个巨大的、多环的撞击盆地，名为伊万德（Evander），宽度约为 350 千米。帕多瓦峡谷（右图）是土卫四明亮的、纤细的地形的一部分。

科学家们对在南纬地区纵横交错的显著线性特征产生了兴趣。这些细微的纬线条纹似乎可以把所有的东西都穿过，而且似乎是这个地区最年轻的特征类型。

在下面的极地立体图中，我们可以看到土卫四的南北半球。每幅地图都以其中一个极点为中心，表面覆盖范围延伸至赤道。网格线以 30 度的增量显示纬度和经度。

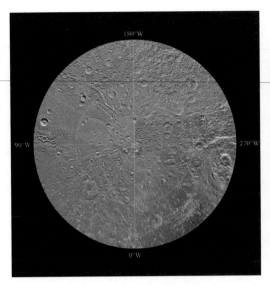

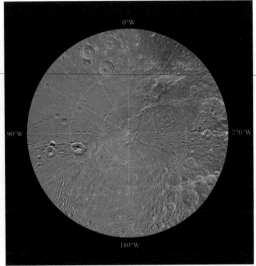

▲ 土卫四北极   ▲ 土卫四南极

这组土卫四的全球彩色拼图是由卡西尼号探测器在探索土星系统的最初十年中拍摄的，这是第一张由卡西尼号探测器所测得数据生成的卫星的全彩色地图。

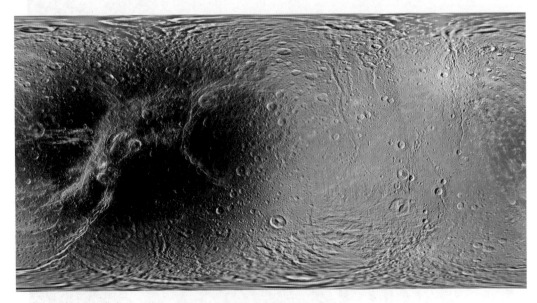

▲ 土卫四的全球彩色拼图

土卫四局地风貌

▶ 陨石坑

土卫四表面有多种地形，其中包含有很多撞击坑的平原、含有中等数目撞击坑的平原、含有少数撞击坑的平原和地壳破裂的区域。平原地区的撞击坑的直径一般小于 30 千米，不过也有大直径的撞击坑。大多数含有很多撞击坑的地形位于土卫四的反面。

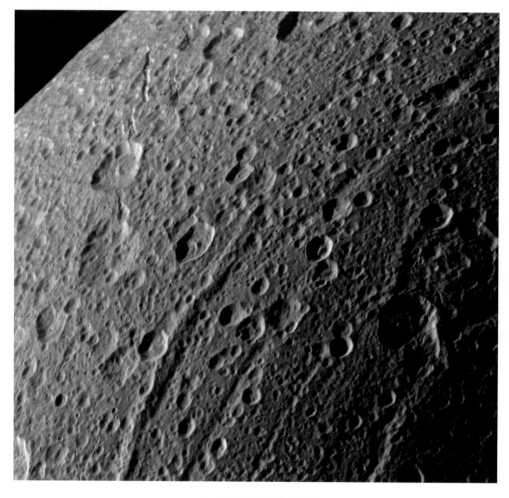

▲ 充满陨石坑的表面

▶ 扭曲的皱脊

贾尼科洛山脊长 800 千米，高 1000~2000 米。对地形数据分析表明，山下面的壳皱褶了 500 米。壳的弯曲表明在近代历史上冰壳是温暖的，最好的解释是存在地下海洋。

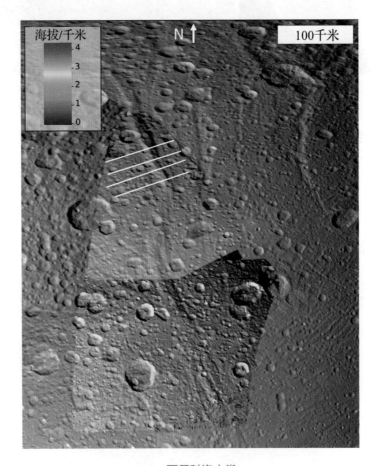

▲ 贾尼科洛山脊

▶ 冰悬崖

卡西尼号探测器飞越土卫四之前，科学家不清楚土卫四表面明亮线条状的结构，原因之一是照片分辨率不足。唯一知道的是这些地区反光率非常高，而且非常薄，甚至可以看到下面的结构。当时的推测是土卫四刚刚形成后地质活跃，冰火山改造了大部分表面。但卡西尼号探测器最新的照片证明之前的推测

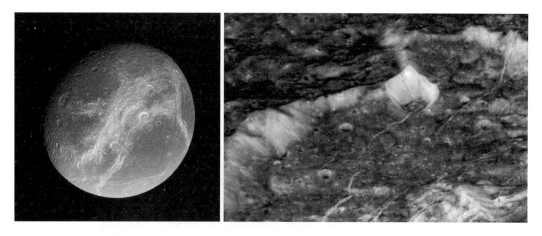

▲ 冰悬崖

有误，这些线条根本不是堆积的冰雪，而是地震造成的明亮冰悬崖。2005年
10月11日，卡西尼号探测器从距离土卫四500千米飞越时，拍摄到这些悬崖
的清晰照片，显示有些悬崖可达数百米高。

▶ 多种形式的地质特征

在土卫四的一些地区，多种形式的地质构造共存。下图所示的区域，有亮
的线形特征、陨石坑以及圆形的特征等。

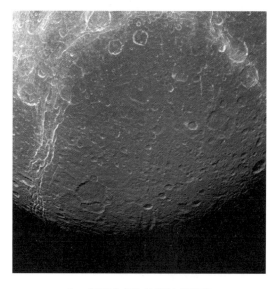

▲ 多种形式的地质特征共存

 **最新发现**

比利时皇家天文台 2016 年 9 月 29 日发布公报称，其研究人员根据卡西尼号探测器提供的重力数据发现，在土卫四地层下约 100 千米的深处存在着一个巨大的地下海。

此前曾发现，土星的另两颗卫星——土卫六和土卫二结冰的外壳下存在地下海。最新研究表明，土卫四外壳的厚度为 99±23 千米，外壳与内核之间的海洋厚度为 65±30 千米，地下海围绕着卫星的整个岩石内核。

土卫四与土卫二的结构极为相似，土卫二以南极区域的大量间歇泉而闻名。研究人员称，这种结构可以用"地壳均衡说"来解释，土卫四上的新发现也进一步印证了"地壳均衡说"。尽管目前土卫四的表面十分平静，但研究人员根据其表面的各种断层推测，它历史上也曾发生过剧烈运动。

土卫四的地下海可能自它诞生之初就已存在，因而为微生物提供了可长期生存的环境。研究人员认为，海洋与岩石的接触尤为重要，因为海水与岩石相互作用可为生命提供所需的养分及能量来源。

 # 土卫四可能有多少水？

为了把土卫四的含水量与地球作比较，都将它们的含水量等效于一个水球，则土卫四水球半径不足地球水球半径的一半。

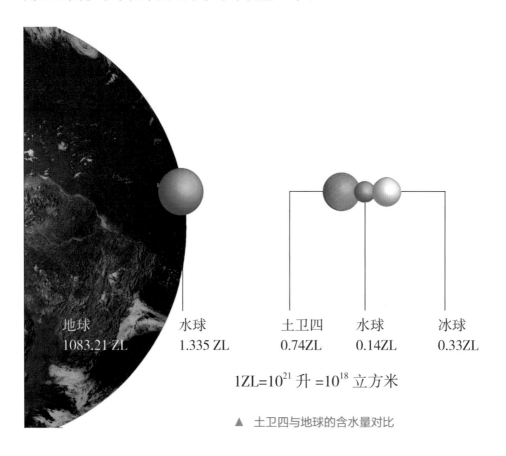

地球	水球	土卫四	水球	冰球
1083.21 ZL	1.335 ZL	0.74ZL	0.14ZL	0.33ZL

$$1ZL = 10^{21} 升 = 10^{18} 立方米$$

▲ 土卫四与地球的含水量对比

知识总结

写一写你的收获

第 5 章

"阎王爷"：冥王星

一听到"冥"这个字，你可能就会想到"阎王爷"。一提到
冥王星，大家可能会觉得它很可怜，它被"驱逐"出行星行
列，独自飘在太空中。

　　一般人对冥王星的名字是熟悉的，因为它当年也属于九大行星之列，名称又和"阎王爷"有关。但这个天体到底有什么特征，恐怕很少有人知道。这也难怪，因为冥王星距离地球太遥远，连功能强大的哈勃空间望远镜也只能看到它模糊的身影。直到 2015 年 7 月 14 日，新视野号探测器靠近飞越，才对冥王星的表面特征有了深入了解。本章重点介绍冥王星地下海洋的情况。我们说冥王星存在地下海洋，也是通过间接方法得到的结论。为了使读者对测量方法和结论有一定的了解，需要介绍一些相关的冥王星知识，同时还要了解冥王星的卫星——冥卫一（卡戎）。

▲　"阎王爷"和它的"护卫"冥卫一

 # 冥王星的基本特征

冥王星轨道的半主轴为 39.48AU，近日点为 29.66AU，远日点为 49.31AU，平均轨道速度是 4.74 千米 / 秒，公转周期是 248 年。冥王星的轨道离心率及倾角皆较高，它的近日点又在海王星轨道里面，因此冥王星周期性进入海王星轨道内侧。

冥王星在围绕太阳运行时，日心距离的变化使得其表面日照率变化相差 3 倍，这对冥王星的大气层有很大影响。冥王星的自转方向也与太阳系行星的自转方向相反。

在 20 世纪 60 年代中期，通过计算机模拟发现，冥王星与海王星的共同运动比为 3：2，即冥王星的公转周期刚好是海王星的 1.5 倍。

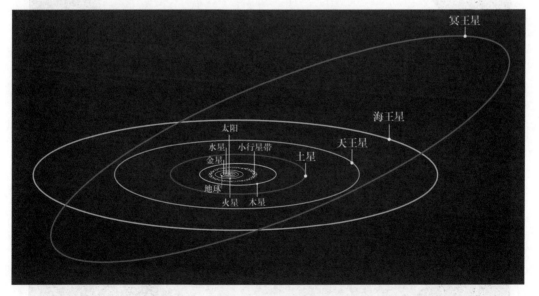

▲ 冥王星轨道

冥王星到底有多大呢？这是人们一直关注的问题，特别是在国际天文学联合会将冥王星纳入矮行星之列后，人们对这个问题更加关注。在决定将冥王星"降级"时，许多人就有这个疑问，冥王星真的比阋神星小吗？

2006 年 8 月召开第 26 届国际天文学大会时，确定冥王星的直径为 2306 千米，阅神星的直径为 2326±12 千米，阅神星略大于冥王星，这也是将冥王星降级的一个根据。

冥王星大小的测量存在不确定性，主要是大气层的存在使测定冥王星固体表面尺寸变得复杂，不同时期对冥王星大小的测量有不同的结果。

根据美国行星科学期刊"伊卡洛斯"公布的最新研究结果，冥王星和卡戎的半径分别是 1188.3±1.6 千米和 606.0±1.0 千米，相应的密度分别是 854±11 千克 / 米^3 和 1701±33 千克 / 米^3。阅神星直径约为 2326±12 千米，体积比冥王星小，但比冥王星重约 27%。

▲　接近于真实颜色的冥王星

月球

冥王星

地球

▲ 冥王星与地球和月球的比较

旅行者地形

隼鸟地形

伯尼

斯普特尼克平原

塔耳塔洛斯山

艾洛特陨石坑

希拉里山

莱特山

皮卡尔山

▲ 冥王星的地形

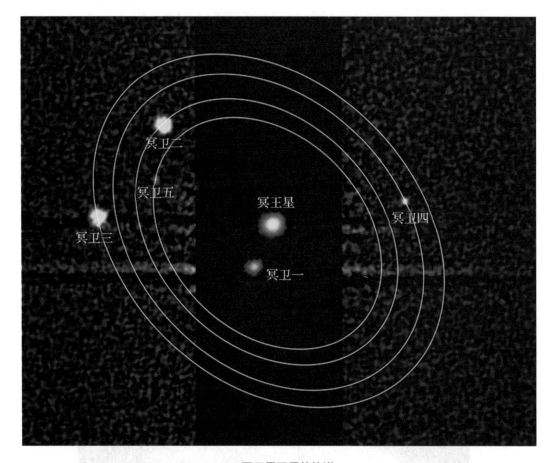

▲ 冥王星卫星的轨道

在冥王星的中心区，呈现一个明显的心脏形结构，这个中心区名字为斯普特尼克平原，它是一种泪滴状的凹陷，直径 1000 多千米，是一种古老的撞击盆地。斯普特尼克平原周围是崎岖不平的高地，平原比高地低 3~4 千米，表面光滑，基本无陨石坑。表面物质是一个巨大的、活跃的对流挥发性冰（N_2，CH_4 和 CO），冰层有几千米厚。这个大的特征非常接近冥王星卫星冥卫一的潮汐轴。斯普特尼克平原是盆地内封存的挥发性冰以及由此产生的冥王星的重新定向（真正的极地漫游）的自然结果。在一个像斯普特尼克平原一样大的盆地内装载挥发性冰，可以极大地改变冥王星的状态，从而使矮行星在旋转和潮汐轴重新定位移动大约 60°。

冥王星目前已知的卫星总共有五颗：冥卫一（卡戎）、冥卫二（尼克斯）、冥卫三（许德拉）、冥卫四（科伯罗司）、冥卫五（斯提克斯）。冥王星与冥卫一

的共同质心不在任何一天体内部，因此有时被视为一个双星系统。国际天文学联合会并没有正式定义矮行星双星，因此冥卫一仍被定义为冥王星的卫星。

冥卫一（Charon）是最早发现的冥王星卫星，距离冥王星 19640 千米，直径为 1212 千米。冥卫一是在 1978 年被发现的，在此之前，由于冥卫一与冥王星被模糊地看成一体，所以冥王星被看作的比实际的大许多。冥卫一很不寻常，是因为在太阳系中，相对于各自主星来比较，它是最大的一颗卫星。一些人认为冥王星与冥卫一系统是一个双星系统，而不是行星与卫星的系统。冥王星与冥卫一是独一无二的，因为它们的自转是同步的，即冥卫一有一面始终朝向冥王星，而冥王星也有一面始终朝向冥卫一。

在希腊神话中，卡戎是死者的摆渡人，与冥王黑帝斯（在罗马神话中称作普鲁托）在神话中是紧密联系在一起的神祇。

冥卫一表面布满了冰冻的氮和甲烷，表面温度约为 −230℃，密度为 1.63 克 / 厘米^3，组成成分中，岩石占了一半多，冰则不足一半。其表面大气压强仅约 0.1 毫巴，是地球表面大气压强的万分之一，稀薄到几近于无。

▲ 冥卫一

 # 冥王星可能有海洋

英国《自然》杂志在 2016 年发表了两篇文章，论述了冥王星表面下有一个巨大的海洋；美国《地球物理学快报》在同年也发表了类似的文章。这些文章根据新视野号探测到的最新结果，认为冥王星隐藏着一个地下海洋，埋藏在它冰冷的斯普特尼克平原之下，可能蕴藏着和地球上所有的海洋一样多的水。

这张冥王星的剖面图显示了一段穿过斯普特尼克平原的区域，深蓝色代表了一个地下的海洋，浅蓝色表示冰壳。

▲ 冥王星表面下隐藏的海洋

早期的冥王星

今日
冥王星

▲ 冥王星演化

　　确定冥王星有地下海洋的方法是间接的，有两个理论根据：一是冥王星与冥卫一的潮汐轴正好穿过斯普特尼克平原；二是斯普特尼克平原地区的重力异常。

　　科学家推断，早在 40 亿年前，冥王星受到彗星的撞击，产生了斯普特尼克平原，撞击地点在冥王星的西北方向。斯普特尼克平原从它现在位置的西北部开始，当它充满冰的时候，来自冥卫一的潮汐引起了整个冥王星的重新定位，将斯普特尼克平原带到了东南方，直到今天，这个平原与冥卫一正面相对。在这个位置，靠近潮汐轴的地方，额外的重量导致冥王星自转摆动最小（冥王星和冥卫一是潮汐锁在一起的，这意味着这两个天体总是对着对方的脸）。冥王星的重新定位会给地壳带来压力，导致其表面出现断层和裂缝。新视野号探测器已经发现了冥王星表面的这些断层和裂缝。

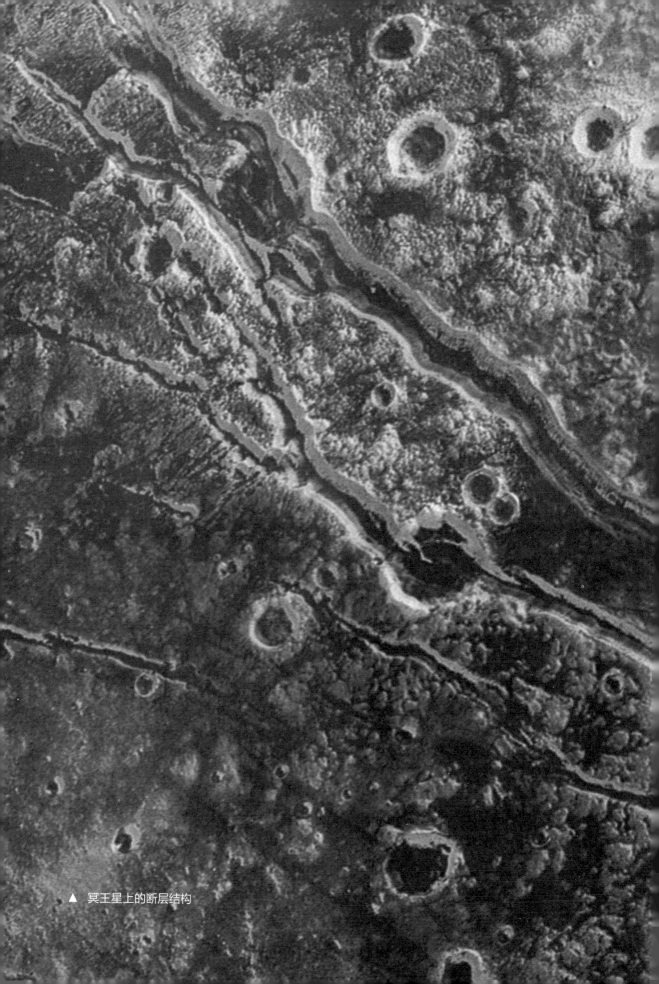

▲ 冥王星上的断层结构

斯普特尼克平原与冥王星的潮汐轴有难以想象的一致，沿着这条线，冥王星与最大卫星冥卫一之间的引力是最强的。"这只是一个巧合"的可能性只有5%，所以这种排列表明，在这个位置上的额外重量与冥王星和冥卫一之间的潮汐力相互作用，使冥王星重新定向，将斯普特尼克平原的平面直接对准了冥卫一。但是，一个深的盆地似乎不太可能提供额外的重量来引起这种重新定位。

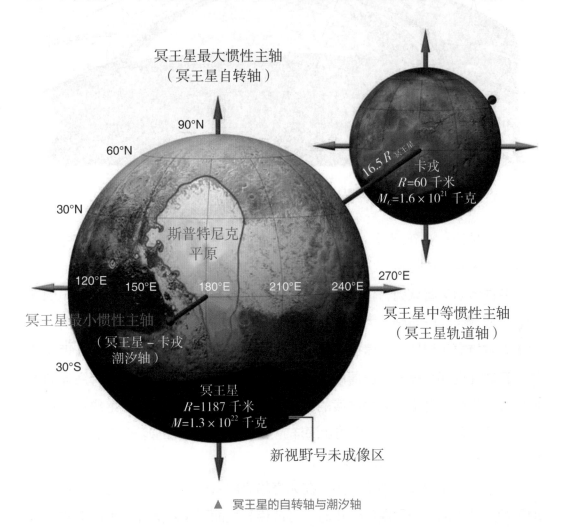

▲ 冥王星的自转轴与潮汐轴

根据一项新的分析，在冥王星的冰冻表面下有一个液态的海洋是新视野号探测器所揭示的上述特征的最佳解释。冥王星有地下海洋的想法并不新鲜，但这项研究提供了迄今为止最详细的分析，它可能在诸如巨大的、低海拔的平原，即斯普特尼克平原的演化过程中扮演的角色。冥王星的海洋很可能是冰冻的，它位于矮行星的冰表面之下 150~200 千米，约有 100 千米深。如果冥王星没

有海洋，很难想象它会以这种方式重新定位。例如，研究小组的计算表明，如果没有海洋存在，斯普特尼克平原的冰层必须有 40 千米厚。

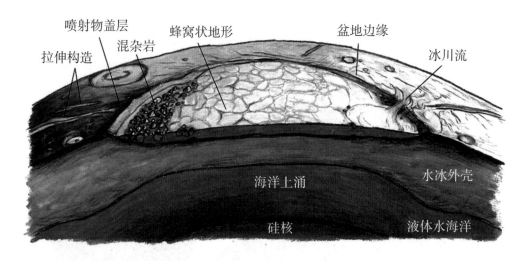

▲ 冥王星地下海洋示意图

　　现在提出一个新问题，冥王星表面温度非常低，地下如果曾经存在海洋，那么，经过漫长的时间，这个海洋是否会冻结成冰？

　　有许多研究者认为，位于冥王星赤道附近的斯普特尼克平原存在地下海洋和局部薄冰壳。一方面，为了维持海洋，冥王星需要保持内部的热量。另一方面，要维持冥王星冰层厚度的巨大变化，冥王星的冰层必须是冷的。新理论认为，在冰壳底部存在的一层薄的笼形水合物（气体水合物）既能解释海洋的长期生存，又能解释维持冰壳厚度的反差。笼形水合物作为一种热绝缘体，在保持冰壳寒冷和不冻的同时，可防止海洋完全冻结。最可能的笼形物气体是甲烷，其来自于热岩石内核有机物的裂解。

　　根据冥王星内部结构示意图，在冰壳的底部有一层薄薄的笼形水合物。在地下海洋之上的这一层温度变化时，形成传导壳而不是对流壳。表面上的富氮冰是斯普特尼克平原明亮的表面。

　　根据冥王星内部热剖面图，在无笼形水合物的情况下，地下海洋迅速变薄，在 38 亿年左右完全冻结。在有笼形水合物形成的情况下，表层以下的海洋很厚，而水的冰层却很冷。由此可看出，笼形水合物层对维持冥王星地下海洋发挥了重要作用。

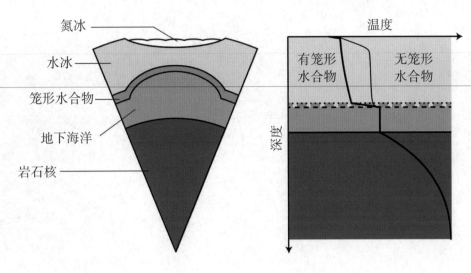

氮冰

水冰

笼形水合物

地下海洋

岩石核

温度

有笼形
水合物

无笼形
水合物

深度

▲ 冥王星内部结构示意图

研究人员推测，在整个宇宙中，像这种地表下存在液态海洋的情况可能非常普遍。

根据美国"商业内幕"（Business Insider）网站的数据，如果你能从矮行星的冰壳下面吸走所有的液体，那么它可能相当于一个半径高达 628 千米的球体，相当于地球上所有液态水储层的 75%。

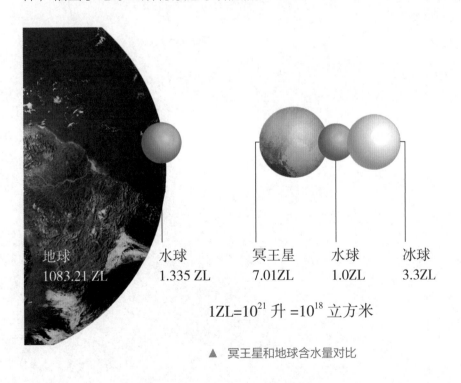

地球
1083.21 ZL

水球
1.335 ZL

冥王星
7.01ZL

水球
1.0ZL

冰球
3.3ZL

$1ZL = 10^{21}$ 升 $= 10^{18}$ 立方米

▲ 冥王星和地球含水量对比

第 6 章

另一个"老二"：木卫二

也许排名老二的都爱显摆，无独有偶，木卫二也会偶尔挺着个"大肚子"喷
点水。就这偶尔的显摆，也被拍到了，让人们抓到了木卫二有水的证据。

木卫二整体特征

　　木卫二又称为"欧罗巴"（Europa），是伽利略于 1610 年发现的，也是四颗伽利略卫星中最小的一颗。在已知的 79 颗木星卫星中，木卫二是直径和质量第四大，公转轨道距离木星第六近。

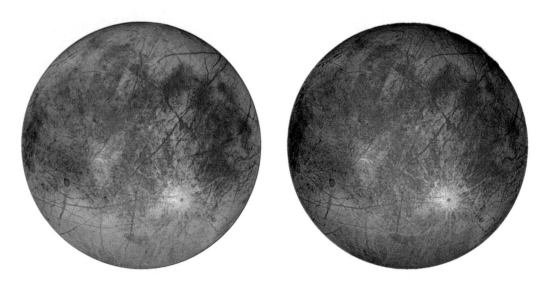

▲ 木卫二，自然（左）与增强（右）颜色

　　木卫二比月亮稍小，主要由硅酸盐岩石构成，并具有水—冰地壳，可能有一个铁—镍核心；有稀薄的大气层，主要由氧气组成；表面有大量裂缝和条纹，而陨石坑比较罕见。在太阳系已知的固体物体中，木卫二的表面是最光滑的。

　　木卫二的名称欧罗巴（Europa）是希腊神话中美丽的腓尼基公主，其他三颗伽利略卫星也由马里乌斯以希腊神话人物分别命名为艾奥（Io）、盖尼米德（Ganymede）和卡利斯托（Callisto），这四人皆以英俊或美丽著称。但是在 20 世纪中叶以前相当长的一段时期内，这一套命名并未获得天文学家认可。早期的文献中多以位置编号将"欧罗巴"称作"木卫二"。1892 年发现了木卫五，比之前已知的所有木星卫星都更靠内。1979 年，旅行者号探测器又发现了三颗内侧卫星，至此，"欧罗巴"的位置排到了第六。

木卫二与木星之间的平均距离为 670900 千米，公转一周只需三天半的时间。它的轨道十分接近正圆，偏心率仅 0.009。与其他的伽利略卫星一样，木卫二也被潮汐锁定，因而有一个半球永远朝向木星。由木星和其他卫星不同方向的重力牵引所转化成的热和能量，可能将木卫二冰层内部液化成海洋。

1994 年，哈勃空间望远镜的戈达德高清晰摄谱仪观测到，木卫二的表面包裹着一层主要由氧构成的极其稀薄的大气，表面大气压约为 0.1 微帕，或者说是地球表面大气压的 10^{-12}。在已知的太阳系的所有卫星中，只有七颗卫星具有大气层（月球、木卫一、木卫四、土卫二、木卫三、土卫六和海卫一）。与地球不同，木卫二大气中的氧是非生物来源的，很可能是带电粒子的撞击和阳光中紫外线的照射使木卫二表面冰层中部分水分子分解成氧和氢，氢因原子量低而逃逸，氧则被保留下来。

 # 木卫二局地风貌

　　木卫二的表面总体光滑，很少有超过几百米的起伏，不过在某些地区也可以观测到接近 1 千米的落差。木卫二是太阳系中最光滑的天体，它那些显眼的纵横交错的纹路，是由低浅的地形造成的。由于陨石坑非常少，木卫二的反照率非常高。这也暗示了它的表面是相当"年轻"和"活跃"的。基于对木卫二可能经受的彗星撞击频度的估算，它的"表面"年龄在 2000 万年到 1 亿8000 万年之间。

　　木卫二表面最突出的特征就是那些纵横交错布满整个星球的暗色条纹。近距离观测表明，条纹两侧的板块有相向移动的现象。大一点的条纹横向跨度可达 20 千米，可以观察到这些宽条纹的深色部分和板块外缘有模糊过渡。规则的纹路，以及宽条纹夹有浅色的细纹，这些形态很可能是表层冰壳开裂，较温暖的下层物质暴露而引起的冰火山喷发或间歇泉造成的。

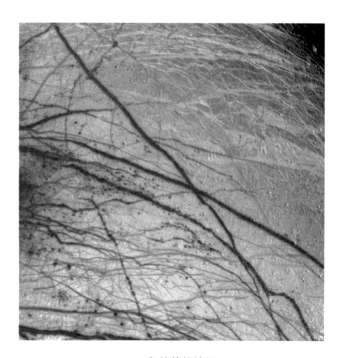

▲ 条纹状的特征

　　木卫二另一个显著的特征就是遍布全球的或大或小、或圆或椭的暗斑。这些暗斑有的突起如穹，有的凹陷如坑，有的平坦如镜，也有的纹理粗糙。突起的小丘多顶部平整，显示着原本与周边的平原一体，是受挤压上抬而形成的。据推测，暗斑的形成是下层温度较高的"暖冰"上涌穿透表层的"寒冰"所致。光滑的暗斑是"暖冰"冲破表壳时有融水

渗出所造成的，那些粗糙错杂的斑痕区域（也称混沌区域）是由大量细小的表壳碎片镶嵌在暗色的圆丘中所构成，就像是地球极地海洋中漂浮的冰山。

木卫二表面特征很有特色，可以概括为：

浑身遍布花纹，红斑装饰衣裙。
沟壑纵横交错，撞击虽少坑深。

下图蓝白色的地表显示相对纯净的水冰，而微红色的地表则包含水冰与硫酸镁或硫酸的混合物。微红色物质与图像中心的宽带以及一些较窄条、山脊和混沌地形有关系。

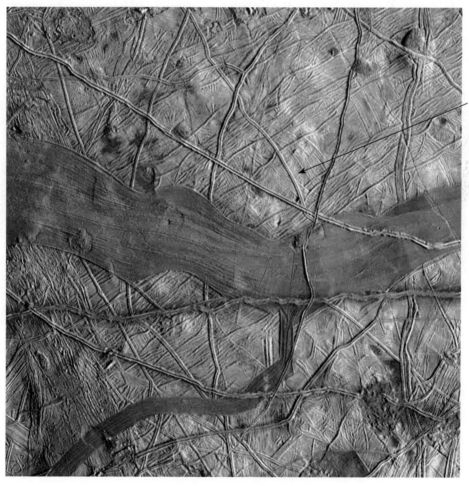

纯净的水冰

▲ 木星二令人惊讶的表面

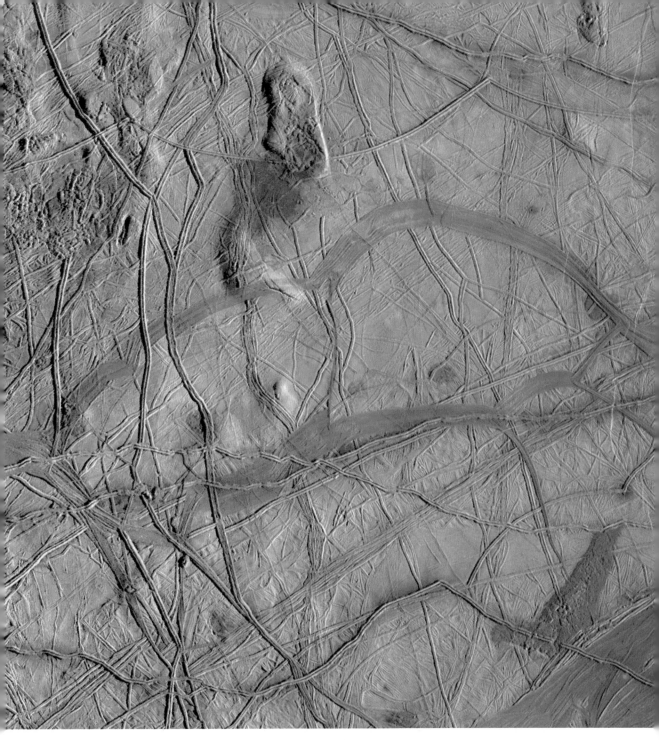

▲ 冰表面裂缝

　　上图来自美国伽利略号探测器拍摄的彩色图片，鲜艳的图片显示了错综复杂的表面裂缝特征。这个场景还包含了几个"混沌地带"，在那里，平滑的表面被打乱成杂乱的斑块。如果表面的冰在地质上是活跃的和对流的，就像研究人员推断的那样，它很可能携带着由木星辐射的轰击所产生的化学产物，"混沌地带"被认为是来自下面的海洋。

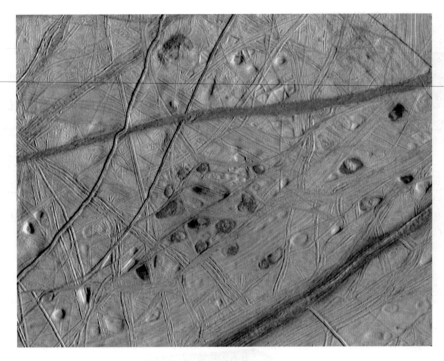

▲ 暗斑

　　上图圆形、红色的斑点，每一个直径大约 10 千米。一般来说，木卫二上的红色特征似乎比灰色或蓝色的特征要年轻。圆形的特征通常被解释为是由于热的、密度较低的物质涌向地表的结果。

　　混沌地形是一些天体地表上山脊、裂缝、平坦的小平原等互相混在一起的地形，在土卫六上很常见，而木卫二上的混沌地形，是冰层碎裂、冰块旋转倾斜后再度互相凝固而成，因此可看见相邻的块体上有连续的特征，中间却被切断。

　　在木卫二表面的康纳马拉（Conamara）地区，白色和蓝色的轮廓区域被一个巨大的陨石坑（直径 26 千米）所覆盖，在大约 1000 千米以南的地方被喷射出的尘埃颗粒所覆盖。在这些区域中，可以看到一些直径小于 500 米的小

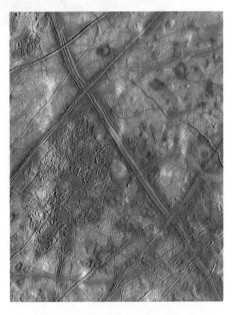

▲ 康纳马拉混沌的色彩增强影像，显示了有两个大型的条纹交叉结构的区域

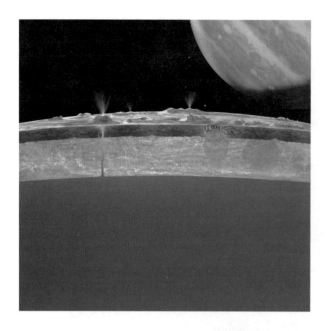

陨石坑。周围地区呈现红棕色，这是矿物污染物造成的，当它被破坏时，由地壳下面释放的水蒸气传播开来。冰表面的原始颜色可能是在卫星其他地方的大片区域看到的深蓝色。这幅图中的颜色已经被增强了。

木卫二表面地形可能与内部结构有直接的关系。

◀ 地下海水活动与表面特征的关系

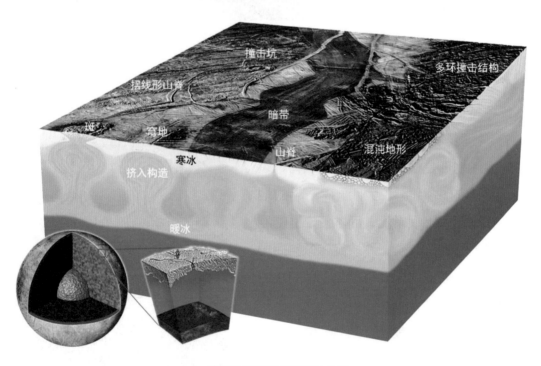

▲ 表面地形与内部结构的关系

哈勃观测木卫二

　　哈勃空间望远镜曾多次对木卫二进行观测，而且发现了木卫二表面有羽流。如果这个观测结果可靠，将强有力地说明木卫二存在内部海洋。

▲ 木卫二南极附近羽烟的位置和大小（2013 年公布的图像）

▲ 木卫二表面喷发艺术图

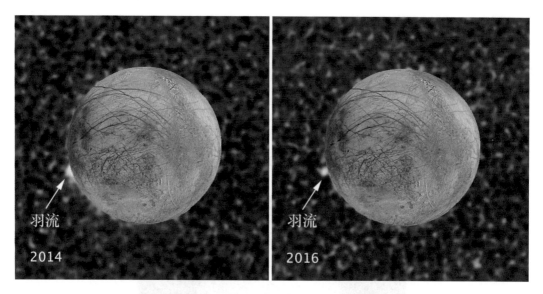

▲ 哈勃空间望远镜在木卫二同一地区观测到的羽流

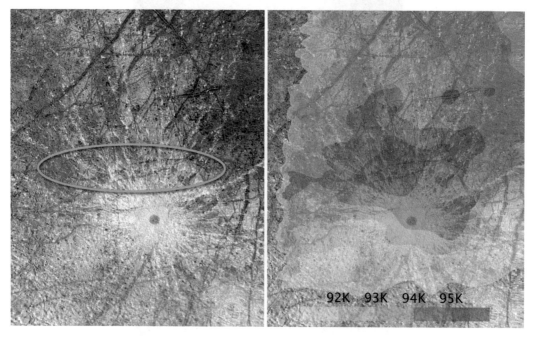

92K 93K 94K 95K

▲ 木卫二羽流位于"暖斑"附近
（左图给出羽烟位置，右图显示相应位置的温度）

 # 木卫二液体海洋

木卫二的主体构成与类地行星相似，即主要由硅酸盐岩石构成。它的表面由水覆盖，据推测厚可达上百千米（上层为冻结的冰壳，冰壳下是液态的海洋）。1995—2003 年，环绕木星进行科学考察的伽利略号飞船所采集到的磁场数据表明，木卫二在木星磁场的影响下自身能够产生一个感应磁场，这一发现暗示着其表层内部很可能存在与咸水海洋相似的传导层。木卫二可能还有一个金属性的铁核。

木卫二在赤道地区平均的表面温度为 110K（−163.15℃），两极更低，只有 50K（−223.15℃），所以表面的水是永久冻结的。但是潮汐力所提供的热能可能会使表面冰层以下的水保持液态。这个猜想最初由针对潮汐热的一系列推测所引发（略为偏心的轨道和木卫二与其他伽利略卫星之间的轨道共振所产生的后果）。伽利略计划的一个团队在对伽利略号和旅行者号探测器所拍摄的图像分析之后推测，木卫二的地形特征意味着冰下海洋的存在。有学者将木卫二表面极富特色的混沌地形解释为下层海水渗出地表而造成。但是这一解释争议极大，多数对木卫二进行研究的地质学家更倾向于支持一个被称作"厚冰"模型的理论，他们认为即便存在这样的海洋，也几乎不可能对表面造成直接的影响。对冰壳厚度的估算也存在相当大的分歧，有的认为是几千米，也有的认为是数十千米。

木卫二表面为数不多的几个大型的撞击坑就是支持"厚冰"模型的最佳证据。最大的一个撞击坑被若干同心圆圈所环绕，坑内被新鲜的冰填充得相当平整。以此为基础再结合对潮汐力所生成的热能的估算，所推测出冰壳厚度为 10~30 千米，与地球地壳的厚度相当，这也意味着冰下的海洋可能深达 100千米。

伽利略号轨道飞行器还观测到，木卫二在通过木星巨大的磁场时自身会产生一个强度呈周期性变化的弱磁场（其强度与木卫四接近，约为木卫三磁场的1/4）。有猜测认为，冰下咸水海洋中的极性离子是该磁场的成因。

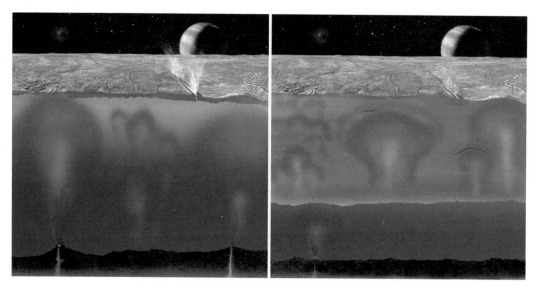

▲ 薄冰层模式（左）与厚冰层模式（右）

另有光谱分析的证据表明，木卫二表面裂痕中微显淡红色的物质有可能是从冰下渗出的海水挥发后沉积下来的盐（比如硫酸镁）。硫化氢也是这一现象的一个合理的解释。但是，由于这两种物质的纯净物都是无色或白色的，别的一些物质也被用于解释淡红色的成因，比如含有硫黄的混合物等。

根据对伽利略探测数据的深入分析发现，在木卫二表面一些特殊的地面下可能存在较大的湖泊。右图给出的就是这种地形，图中彩色区域是隆起区域，红色的地方地势最高，其下面的冰壳中可能存在一个液体湖。水—冰相互作用和解冻都会使上面的地形发生变化。

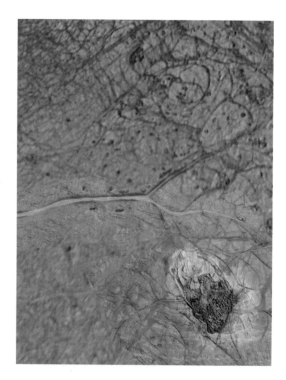

▲ 液体湖上面隆起的冰壳

另外，根据伽利略探测器获得的大尺度断裂带图形判断，木卫二的表面有相对于内部的"滑动"。如果表面下有海洋存在，则很容易解释这种滑动。

根据前面的分析以及模拟计算，认为木卫二确实存在地下海洋，其海洋的结构如下图所示。

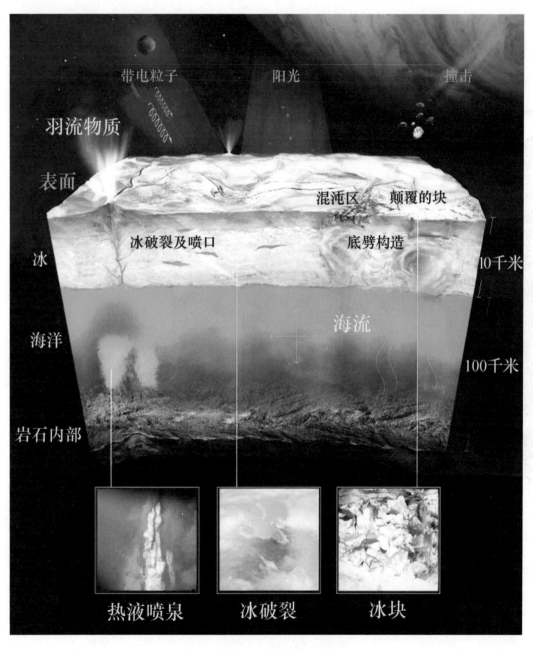

▲ 木卫二地下海洋的结构

木卫二结构图显示了从海底到地表的结构。上图下面的方框内指出了可能适合生命存在的地点，如热液喷泉，以及可能存在生物特征的冰壳内部区域。这张图展示了一个完整的过程，即海底、海洋和冰壳如何能在表面上产生各种特征。

根据多种方法观测，木卫二地下海洋和冰层的平均深度在 80~170 千米。若采用 100 千米的估计，如果木卫二上所有的水聚集成一个球，它的半径将是 877 千米。按比例，这张有趣的插图将木卫二上所有水的假想球与木卫二本身的大小进行了比较。木卫二上的全球海洋体积是地球海洋体积的 2~3 倍，也是寻找地外生命的诱人目的地。

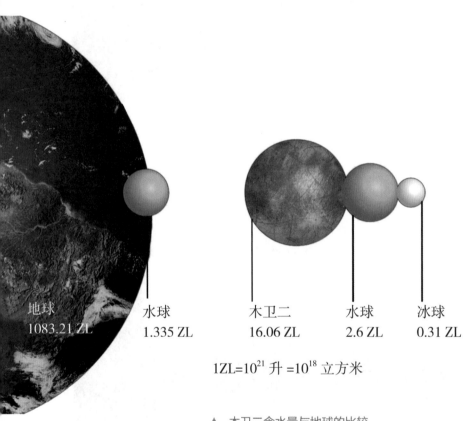

地球
1083.21 ZL

水球
1.335 ZL

木卫二
16.06 ZL

水球
2.6 ZL

冰球
0.31 ZL

$1ZL=10^{21}$ 升 $=10^{18}$ 立方米

▲ 木卫二含水量与地球的比较

 # 木卫二海洋有生命吗？

既然木卫二表面下有液体海洋，那自然就会提出一个问题：木卫二海洋中有生命吗？

水是维持生命存在的重要条件，但不是唯一条件。除了液体水之外，维持生命还需要合适的能量、必要的元素以及合适而稳定的环境。那我们看看木卫二是否具备这些条件。

木卫二在木星的潮汐力作用下，底部可能存在热源，甚至可能在其冰壳深处隐藏着温暖的热喷口，像地球海洋深处的黑烟囱那样。这些热喷口，既可以提供热量，还可以提供丰富的元素。因此，木卫二海洋中存在生命的可能性是很大的。

如果生命存在于木卫二上，那么它们会走路、说话或飞翔吗？会不会是小细菌？在地球最不适合居住的地方发现的陌生勇敢的生命形式鼓舞着科学家，例如，两种蠕虫，在完全黑暗的地方生存繁衍，极端的压力对它们也不成问题，这些生物在1977年，在加拉帕格斯裂谷以下几千米的地方被发现，它们生存在海洋的高温喷口附近。相信这些极端条件，黑暗、高压和高温，就存在于木卫二上。如果在木卫二地核下和附近能够发现喷口，喷出热和养分，就能孵育生物，就像早期的地球一样。下面两张图片分别是木卫二海洋中可能存在的生命示意图以及木卫二海洋存在生命的条件——彗星撞击带来营养物，光可以穿进海洋几米深，使得在海洋内部可产生黏附形式和浮动形式的生命。

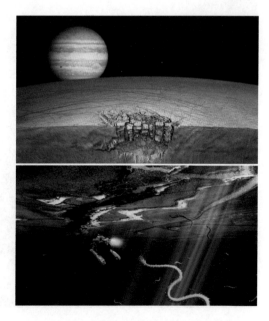

▲ 木卫二表面下海洋中可能存在的生命

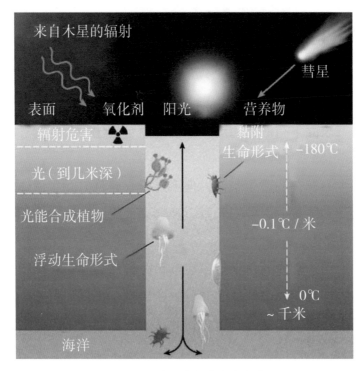

来自木星的辐射

彗星

表面　　氧化剂　　阳光　　营养物

辐射危害

黏附
生命形式　　−180℃

光（到几米深）

光能合成植物

−0.1℃／米

浮动生命形式

0℃

~千米

海洋

▲ 木卫二海洋存在生命的条件

▲ 木卫二海底生物想象图

▲ 木卫二海底生物考察船想象图

★ 知识总结

写一写你的收获

木卫一

木卫三

木卫二

第 7 章

"惨烈"的卫星：木卫四

木卫四的表面有着许多光点，像一颗颗钻石在那闪耀着。这些斑点是遭受陨石撞击形成的，可想而知，木卫四过得是多么的"惨烈"。陨石撞击除了留下坑洞，还会带来意想不到的东西，比如水。

木卫四

 概况

　　木卫四又称卡里斯托（Callisto），是围绕木星运转的一颗卫星，由伽利略在 1610 年首次发现。木卫四是太阳系第三大卫星，也是木星的第二大卫星，仅次于木卫三。木卫四的直径为水星直径的 99%，但是质量只有水星的 1/3。该卫星的轨道在四颗伽利略卫星中距离木星最远，约为 188 万千米。木卫四并不像内层的三颗伽利略卫星（木卫一、木卫二和木卫三）那般处于轨道共振状态，所以并不存在明显的潮汐热效应。木卫四属于同步自转卫星，永远以同一个面朝向木星。木卫四由于公转轨道较远，表面受到木星磁场的影响小于内层的卫星。

▲　木卫四

第 7 章
"惨烈"的卫星：木卫四

木卫四由近乎等量的岩石和水构成，平均密度约为 1.83 克 / 厘米 ^{3}。天文学家通过光谱测定得知木卫四表面物质包括冰、二氧化碳、硅酸盐和各种有机物。伽利略号探测器的探测结果显示，木卫四内部可能存在一个较小的硅酸盐内核，同时在其表面下 100 千米处可能有一个液态水构成的地下海洋存在。

木卫四表面曾经遭受过猛烈撞击，其地质年龄十分古老。由于木卫四上没有任何板块运动、地震或火山喷发等地质活动存在的证据，故天文学家认为其地质特征主要是陨石撞击所造成的。木卫四主要的地质特征包括多环结构、各种形态的撞击坑、撞击坑链、悬崖、山脊与沉积地形。天文学家发现该卫星表面地形多变，包括位于抬升地形顶部、面积较小且明亮的冰体沉积物及环绕其四周、边缘较平缓的地区（由较黑暗的物质来构成）。天文学家认为这种地形是小型地质构造升华所导致的，小型撞击坑普遍消失，许多疙瘩地形是遗留下来的痕迹，该地形的年龄还未确定。

木卫四上存在一层非常稀薄的大气，主要由二氧化碳构成，成分可能还包括氧气。此外，木卫四还有一个活动剧烈的电离层。

由于木卫四上可能有海洋存在，所以该卫星上也可能有生物生存，不过概率要小于邻近的另一颗卫星木卫二。多艘空间探测器都曾对该卫星进行过探测，包括先驱者 10 号、先驱者 11 号、伽利略号和卡西尼号。长久以来，人们都认为木卫四是设置进一步探索木星系统基地的最佳地点。

物理特性

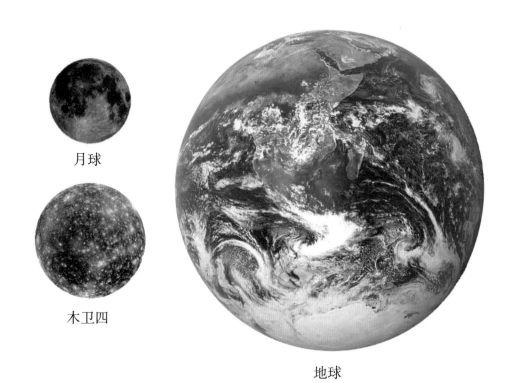

月球

木卫四

地球

▲ 地球、月球与木卫四大小比较

　　木卫四表面的反射率大约是 20%。在木卫四的表面，水冰似乎无处不在，其质量占 25%~50%。通过对伽利略号探测器和地面所获得的高分辨率、近红外和紫外光谱的分析，揭示了各种非冰物质：镁和含铁的水和硅酸盐，二氧化碳，二氧化硫，可能还有氨和各种有机化合物。光谱数据表明，木卫四的表面在小尺度上是极其不均匀的。明亮斑块与岩石、冰混合物构成的斑块互相混杂，而广大的黑暗区域则由非冰物质所构成。

　　木卫四的表面并不对称：同轨道方向的半球比逆轨道方向的半球还要阴暗，跟其他伽利略卫星正好相反。此外，其逆轨道方向的半球似乎富含二氧化碳，而同轨道方向的半球则含有较多的二氧化硫。木卫四上许多较年轻的撞击坑都含有较丰富的二氧化碳。

内部结构

在木卫四遭受过猛烈轰击的表面下，是一层寒冷、坚硬的冰质岩石圈。天文学家对包围木星及卫星的磁场进行的研究显示，在木卫四地壳下存在一个咸水海洋：科学家发现位于木星多变磁场中的木卫四就像一个理想的导电球体，磁场无法穿透卫星的内核，意味着该天体存在着一层高电导率液体。该海洋中可能还含有少量的氨或其他防冻物质，比重达到 5%，因此可以阻止海洋冰冻。在这种情况下，海洋的厚度将达到 250~300 千米。

位于岩石圈和假设的海洋下的星体内部可能既不是质地均匀的整体，也不是完全的分化形态。伽利略号探测器的探测数据表明其内部由压缩的岩石和冰所构成，由于物质的部分沉积，岩石比重随着深度而增加。也就是说，木卫四的内部结构只有部分分层，与木卫三完全不同。星体的中心在该密度和转动惯量下，可能存在着一颗小型硅酸盐内核。这类内核的半径不可能超过 600 千米，而其密度可能介于 3.1~3.6 克 / 厘米^3。

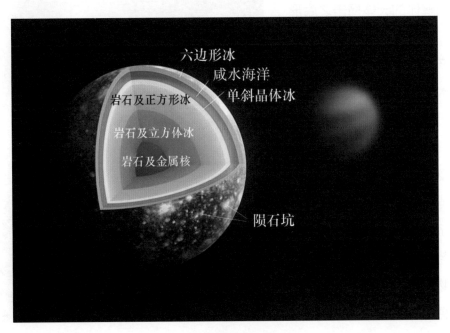

▲ 木卫四的内部结构

表面特征

　　木卫四表面的地质年龄十分古老，它同时也是太阳系中遭受过最猛烈撞击的天体之一，其撞击坑密度已经接近于饱和，任何新的撞击坑均可能覆盖在旧的撞击坑之上。木卫四表面的大型地质构造相对简单，没有大型的山脉、火山或其他内源性构造特征。撞击坑、多环结构、裂缝、悬崖及沉积地形是天文学家在该星体表面发现的为数不多的几种大型地质构造。

　　木卫四上最大的撞击地形是多环盆地，其中有两个规模巨大，瓦尔哈拉撞击坑是其中最大的一个，其明亮的中央地带直径达到了 600 千米，环状结构继续向外延展了 1800 千米。第二大的多环结构是阿斯嘉特撞击坑，直径大约为 1600 千米。多环结构产生的原因可能是，撞击事件发生之后处在柔软或流动状态的同心环状物质断裂。撞击坑链则是一长串链状、呈直线分布于星体表面的撞击坑，它们可能是木卫四被过于接近木星而受到引力潮汐作用解体的天体撞击之后形成的，也可能是遭受小角度撞击后产生的。

　　木卫四表面分成数种不同的地质结构：撞击坑平原、亮平原、黑暗及明亮而平缓的平原以及多环结构和撞击坑组成的多类地形构造。撞击坑平原覆盖了木卫四大部分的表面，是古老岩石圈的典型代表，其构成物质为冰和岩石的混合物。亮平原包含明亮的撞击坑（类似阿斯嘉特撞击坑的斑

▲ 阿斯嘉特撞击坑

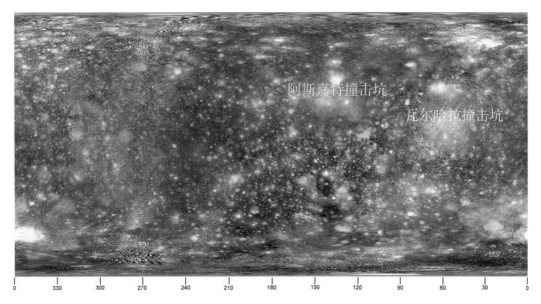

▲ 木星四平面图

点状构造），科学家们猜测这种地形是冰质撞击坑沉积所形成。明亮而平缓的平原覆盖的区域较小，常出现于瓦尔哈拉撞击坑和阿斯嘉特撞击坑的山脊和槽沟地带，撞击坑平原的孤立斑点地带也属于这种地形。天文学家最初认为这种地形的形成与内源性地质活动有关，但是伽利略号探测器传回的高分辨率照片显示，该平原地形其实与断裂、瘤状地形有关，并未出现任何曾被多次覆盖的迹象。伽利略号探测器的照片显示，木卫四表面小块的阴暗平坦区域覆盖面积小于 10000 平方千米，被周围的地形所封闭，该地形可能是冰火山沉积构造。这些比较明亮及平缓平原的地质年龄都比撞击坑平原稍小。

　　木卫四表面的撞击坑直径从 100 米（这是探测照片的最大分辨率）至 100 千米以上不等，多环结构则未计算在内。直径小于 5 千米的小型撞击坑有简单的碗形结构或平底结构。直径介于 5~40 千米的撞击坑则有中央山峰的存在。很多直径介于 25~100 千米的撞击坑其中央山峰为塌陷地形。而直径大于 60 千米的大型撞击坑的中央则可能存在拱形结构，这可能是撞击事件发生之后的构造抬升作用造成的。少数明亮且直径大于 100 千米的撞击坑拥有与众不同的拱形结构。

　　正如前文所提及的，木卫四上还存在着由纯冰构成的、反照率高达 80% 的斑块地形，其四周分布着较黑暗的物质。伽利略号探测器的高分辨率照片显

示，这些较明亮的斑块主要位于抬升地形上（如撞击坑坑缘、悬崖、山脊和瘤状地形），可能是一层薄霜体的沉积构造。比较黑暗的物质通常位于四周地势较低且较平坦的地带，如撞击坑坑底和撞击坑之间的低洼地带，它们覆盖着原本的霜体沉积物，故该地区显得比较阴暗，形成直径达到 5 千米以上的暗斑。

以几千米的尺度来说，木卫四比其他伽利略卫星的表面显现出更多的退化特征。相较于木卫三的黑暗区域，木卫四的表面缺乏直径小于 1 千米的撞击坑，取而代之的是无处不在的小型瘤状地形和陷坑。天文学家认为瘤状地形是撞击坑经历了迄今为止还不为人知的退化过程而形成的坑缘残迹，这种退化很可能是冰缓慢升华造成的：当木卫四运行至日下点时，其向阳面的温度会达到 165K 以上，此时冰会出现升华现象，基岩导致上面的脏冰分解，使水冰和其他易挥发物质升华。而残骸中的非冰质残余物则崩塌，从撞击坑坑缘的斜坡上坠落。这种崩塌经常在撞击坑附近和内部出现，被称为"周边碎片"。此外，有些撞击坑的坑缘被一些蜿蜒、类似峡谷的切口（它们被称为沟壑）所切割，这些沟壑看起来有点类似火星表面的峡谷。在冰升华假说中，位于低洼地带的暗色物质被认为主要来自于撞击坑坑缘所形成的非冰质物质覆盖层，它覆盖了木卫四表面大部分的冰基岩。

 小贴士

日下点（Subsolar point）是指行星表面在太阳正下方的那一点。

◀ 瓦尔哈拉多环结构

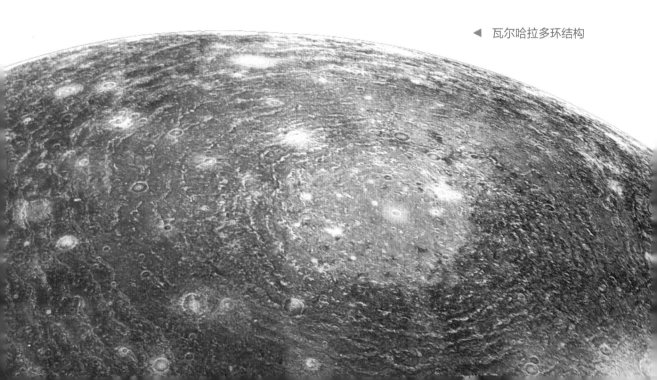

地下海洋

　　木卫四内部结构的部分分层表明该星体从未被充分加热以使其冰质部分融解。因此，其最可能的形成模型是低密度的木星次星云中的缓慢吸积过程。这个持续时间很久的吸积过程使得星体最终冷却，而无法保持在吸积过程、放射性元素衰变过程和星体收缩过程积聚的热量，从而阻断了冰体融化和快速分化过程。其形成阶段所耗时间大约在 10 万年到 1000 万年之间。

　　而之后木卫四的进一步演化则取决于放射性衰变的产热机制和靠近星体表面热传导的冷却机制之间的竞赛，以及星体内部到底是处于固态还是亚固态对流状态。冰体的亚固态对流的具体运动状况是所有冰卫星模型中最大的不确定性因素。基于温度对冰体黏度的影响，当温度接近于冰体的熔点时，就会出现亚固态对流。在亚固态对流中，冰体的运动速度十分缓慢，大约为 1 厘米 / 年，但是从长期来看，亚固态对流事实上是非常有效的冷却机制。热量在木卫四寒冷而坚硬的表层（被称为"密封盖"）中并没有以对流形式来进行传导；在表层下的冰体中，热量以亚固态对流形式来进行传导。对木卫四来说，外部传导层是厚度约为 100 千米的寒冷且坚硬的岩石圈。它的存在解释了为何木卫四表面没有任何内源性构造活动的迹象。而在木卫四内部，热对流可能是分层次的，因为在高压之下，冰体水会出现多种晶相，从星体表面的第一态冰到星体中心的第七态冰。在早期，木卫四内部亚固态对流机制的运作阻止了冰体的大面积融化，而后者则会导致星体内部的分化，从而形成一个大型的岩石内核和冰质地幔。同时也由于对流作用的存在，冰体和岩石的部分分化持续了数十亿年之久，至今仍在缓慢进行中。

　　现今解释木卫四形成的观点考虑到了在其表面之下可能存在一个地下海洋，其形成与冰体的第一晶相的熔点非常有关——其熔点随着压力的增大而降低，当压力达到 2070 巴时，熔点可低至 251K。在所有的木卫四现实模型中，位于 100~200 千米深处地层的温度十分接近，甚至是略微超过了这个异常的熔点。而少量氨（比重为 1%~2%）的存在则能够加大该深度液体存在的可能性，

因为氨能够进一步降低冰体熔点。

　　尽管木卫四及木卫三在很多方面都十分相似，但是前者的地质历史相对简单。在撞击事件与其他外力影响作用前，该星体的表面即已基本成型。与拥有槽沟构造的邻近卫星木卫三相比，木卫四上很少发现地质构造活动的迹象。天文学家认为这种现象产生的原因可能是内部潮汐热、分层状态、地质活动相反所导致的。这种相对简单的地质历史对于行星科学家来说意义十分重大，他们可将该星体作为一个基本参考对象，用来对比其他更加复杂的星体。

　　就如同木卫二和木卫三一样，也有人认为在木卫四表面之下的咸水海洋中可能存在着地外生命。但是，较之木卫二和木卫三来说，木卫四上的环境显得相对恶劣，主要是因为：缺乏可接触的岩石物质、来自星体内核的热量较低。

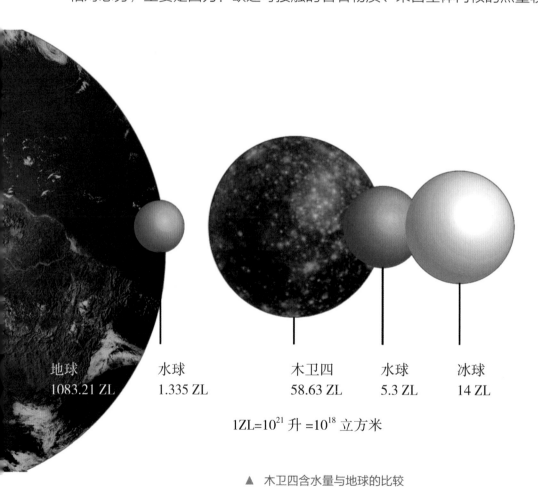

地球	水球	木卫四	水球	冰球
1083.21 ZL	1.335 ZL	58.63 ZL	5.3 ZL	14 ZL

$$1ZL=10^{21}升=10^{18}立方米$$

▲ 木卫四含水量与地球的比较

知识总结

写一写你的收获

 第 8 章

"土大哥": 土卫六

土星的最大卫星——土卫六也是蛮有特色的：厚重的大气层、表面的液体湖和地下海洋。无论从哪一点来看，都是引人关注的。而其另一个名称"泰坦"也让人感觉它憨憨的。

概况

　　土卫六是环绕土星运行的一颗卫星，是土星卫星中最大的一个，也是太阳系第二大的卫星。荷兰物理学家、天文学家和数学家克里斯蒂安·惠更斯在1655年3月25日发现它。由于它是太阳系第一颗被发现拥有浓厚大气层的卫星，极有可能存在生命，因此被高度关注，科学家也推测大气中的甲烷可能是生命体的基础。土卫六可以被视为一个时光机器，有助于我们了解地球最初的情况，揭开地球生物诞生之谜。

　　土卫六的平均半径为2576千米，是地球的0.404倍；自转周期为15.945天，温度为94K（-179.15℃）。近土星点1186680千米，远土星点1257060千米。

▲ 真实颜色的土卫六

▲ 2004~2017 年间的土卫六（红外图像）

　　土卫六质量与木卫三、木卫四、海卫一及冥王星大致类似。土卫六一半是冰，一半是其他固体物质。在多个不同结晶状冰层下方有直径约 3400 千米的固体核心，其内部应该因重力之故仍保持着炽热状态。虽然土卫五以及其他的土星卫星也有类似的固体核心，但由于土卫六的体积巨大造成更强烈的重力压缩，使得其核心密度较其他卫星高出许多。

大气层特征

　　土卫六是已知唯一有丰富大气层的卫星，而且是太阳系中除了地球之外，唯一拥有浓厚氮气的天体。卡西尼号探测器在 2004 年观测它的大气层，认为土卫六是一个超级转子，像金星一样，大气层的旋转速度远远超过表面的自转速度。来自旅行者号探测器的观测显示，土卫六的大气层比地球还要浓厚，表面的大气压力是地球的 1.5 倍。土卫六的大气层总质量是地球的 1.19 倍。不透明的霾层阻挡了大量来自太阳和其他来源的可见光，使得土卫六的表面呈现晦暗的特征。土卫六的低重力意味着它的大气层会比地球的更为扩张。土卫六的大气层相当浓密，并且因为土卫六的低表面重力，人类在土卫六表面甚至可以拍动装在双臂上的"翅膀"飞翔。而土卫六的低重力也代表其大气层顶远高于地球大气层顶，甚至高达 975 千米。这样的大气高度让卡西尼号探测器不得不进行调整以抵抗大气拖曳来维持稳定轨道。土卫六的大气层在许多波长下都是不透明的，所以从轨道上不能获得来自其表面的完整反射光谱，直到 2004 年的卡西尼－惠更斯号任务，才首度获得土卫六表面的直接观察影像。

　　土卫六平流层的大气组成是 98.4% 的氮，其余的成分大多是甲烷（1.4%）和氢（0.1%~0.2%）。其他微量、可追踪的气体属于烃类，如乙烷、联乙炔、甲基乙炔、乙炔和丙烷，还有其他的气体，像是氰基乙炔、氰化氢、二氧化碳、一氧化碳、氰、氩和氦。在土卫六上层大气的碳氢化合物（烃）被认为是太阳的紫外线导致甲烷裂解产生的。土卫六有 95% 的时间都在土星的磁层内，有助于土卫六防范太阳风的侵袭。

　　土卫六表面的温度大约是 94K（-179.15℃），在这个温度下，水冰的蒸气压力极低，所以大气中几乎没有水汽。土卫六大气层中的阴霾全是卫星将阳光反射回太空的反温室效应贡献的，使它的表面与上层相较显得异常的寒冷，这颗卫星接收到的阳光仅有地球的 1%。土卫六的云层可能由甲烷、乙烷，或许还有其他简单的有机物，是分散和变化造成整体的阴霾。大气层中的甲烷导致土卫六表面的温室效应，若不是这样，土卫六的表面将更寒冷。卡西尼—惠

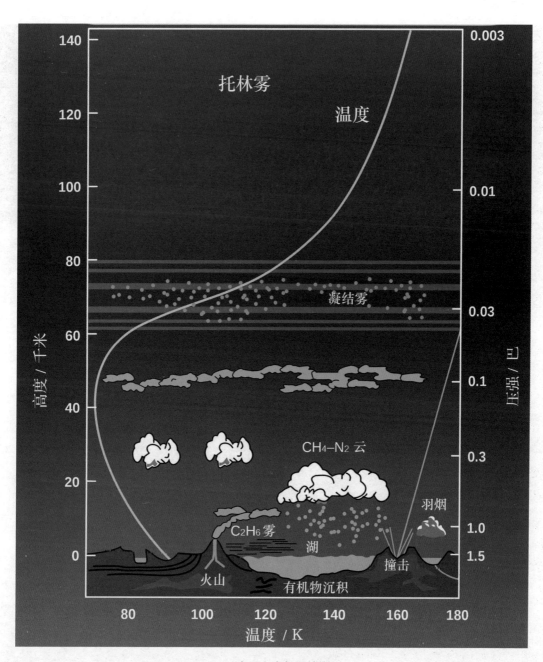

▲ 土卫六大气层结构

▲ 土卫六的高层大气

▲ 极区云：左是土卫六，主要成分是甲烷；右是地球，主要成分是水蒸气

更斯号的调查结果表明，土卫六的大气层会定期下雨，将液态的甲烷和其他有机化合物滴落在卫星的表面上。

云层通常会覆盖土卫六表面的 1%，但是也有突发的事件会使云层迅速覆盖达 8%。一种假说认为当土卫六的夏季来临时，阳光的增加会使南极的云层因为对流而加剧生成。这种解释很难说明在仲春，还有夏至之后出现复杂云层的事实。甲烷在南极增加的湿度可能有助于云层迅速增加。有一种假说认为，在土卫六上夏季，阳光照射增加，大气上升，从而产生对流，形成了南方的云。

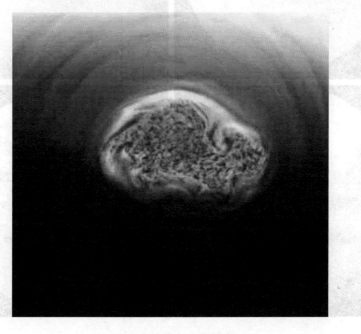

▲ 土卫六极区大气涡旋

表面特征

　　人类在 2004 年前对土卫六表面的了解非常缺乏，直至使用哈勃空间望远镜的红外线和卡西尼 – 惠更斯号拍摄到一个高亮度、有澳洲大小区域的图片。这个区域的非正式名称是上都区（Xanadu Regio，世外桃源，15°S，100°W），没有人知道那里是什么样。类似的哈勃空间望远镜、凯克望远镜和甚大望远镜还观测到土卫六上另外一片大小相近的深色区域，人们推测那里可能是液态的甲烷或乙烷海洋，但卡西尼号探测器观测的数据发现可能是其他物质。卡西尼

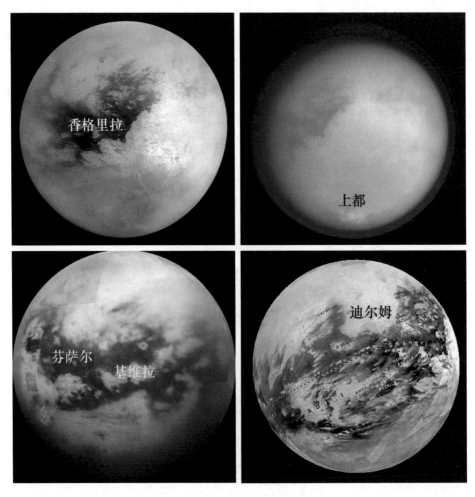

▲ 土卫六表面特色的区域

▲ 土卫六表面的沙尘暴

▲ 惠更斯着陆器拍摄到的表面

号探测器还发回大量土卫六高分辨率地貌图像，其中包括谜一般的线状条纹，一些科学家认为那可能是地壳构造运动产生的。

2004 年 11 月 26 日的一次飞越土卫六的观测，发现土卫六光滑的表面上只有很少的冲击环形山，这些环形山在光线的作用下明暗对比强烈。这大概是土卫六烃雨或烃雪落入环形山或火山喷发活动活跃造成的地壳重构所致。探测器的分光器发现，亮区和暗区发射的太阳光波长一样，这就意味着它们可能由相同的物质组成（或者至少是覆盖着相同的物质）。至于到底是什么物质，人们依然不清楚。人们曾希望凭借探测器观测物体或液体反射光线而发现的烃湖或烃海却并未被探测到，科学家因此怀疑土卫六表面可能是完全呈冰状或泥泞状态。

为了更好地了解表面地貌，卡西尼号探测器在飞近土卫六时使用了雷达遥感测绘技术。传回的第一张图片就展现了一个地表是复杂、崎岖与平坦并存的区域。这种地貌应该是由火山造成的，火山可能喷发出水和氨水。另外也发现了一些好像风蚀产生的条纹状地貌。还有一些看起来已经被填平的冲击环形山，其中的液体可能是液态烃。湖中的物质现在仍然无法确定。另从有一些区域返回的信号看来，土卫六看起来真的很光滑，表面没有高于 50 米的地貌。

土卫六表面有许多液体湖，主要成分是液体甲烷和乙烷。大的叫海，小的叫湖。到 2020 年 3 月，已经命名的海有 3 个，已经命名的湖有 82 个。

湖与凹陷

丽姬亚海，土卫六最大的海

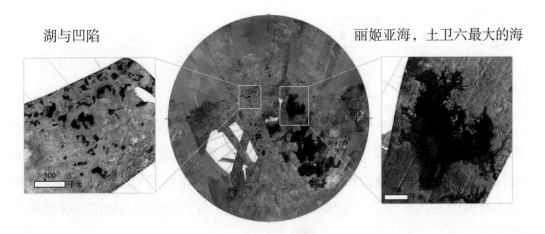

▲ 土卫六表面地形

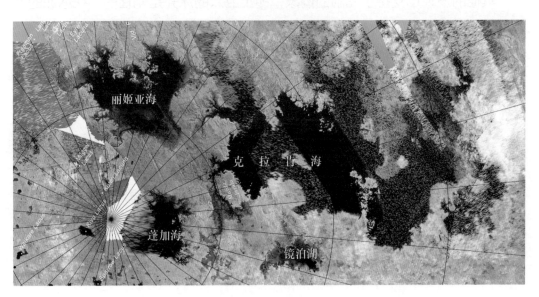

▲ 土卫六著名的海与湖

地下海洋

　　科学家们分析了来自卡西尼号任务的数据，有确凿的证据表明土卫六上的海洋可能和地球的死海一样咸。这一新的结果来自对过去 10 年卡西尼号探测器反复飞越土卫六的重力和地形数据的研究。利用卡西尼号探测器的数据，研究人员为土卫六建造了一个模型结构，从而提高了对土卫六外部冰壳结构的理解。

　　其他的发现也支持了先前的迹象，即土卫六的冰壳是刚性的，在冰冻的过程中。研究人员发现，为了解释重力数据，土卫六的海洋需要相对较高的密度，这表明海洋可能是一种极咸的盐水，混合了溶解的盐，可能是由硫、钠和钾组成的。这种盐水的密度大致相当于地球上最咸的水体。按照地球的标准，这是一个极其咸的海洋。

　　卡西尼号探测器对土卫六的大量重力测量显示，这颗卫星的表面下隐藏了一个内部的液态水和氨水海洋。惠更斯号探测器还测量了其下降过程中的无线电信号，这强烈暗示了在土卫六表面下 55~80 千米处有海洋。在太阳系中，一个全球性的液态水海洋，可能会包含适宜居住的环境。

　　2012 年 6 月 28 日，来自卡西尼号探测器数据显示，土卫六的冰壳下可能有一层液态水。这一发现发表在《科学》杂志上。

　　卡西尼号探测器对土卫六上的大潮汐的探测，也得出土卫六有一个隐藏的海洋。

　　确定土卫六上有海洋的证据是潮汐。当土卫六绕着土星这个气态巨行星旋转时，其强大的引力伸张并改变了土卫六。如果土卫六是完全由坚硬的岩石组成的，土星的引力会在土卫六上形成凸起，或者说是固体的"潮汐"，只有 1 米高。然而，数据显示，土卫六形成了高度大约 10 米的固体潮汐，这表明土卫六并不是完全由坚硬的岩石材料组成的。

　　起初，科学家们还不确定卡西尼号探测器是否能够探测到土星对土卫六的引力造成的凸起。然而，在 2006 年 2 月 27 日至 2011 年 2 月 18 日，卡西尼

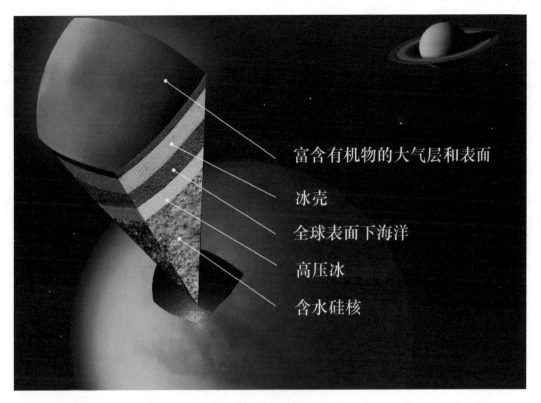

富含有机物的大气层和表面

冰壳

全球表面下海洋

高压冰

含水硅核

▲ 土卫六的内部结构

号探测器成功测量了土卫六的重力场。这些重力测量是在美国国家航空航天局的深空网络（DSN）的帮助下收集的，揭示了土卫六潮汐的大小。

产生可观测到的潮汐，海洋层不必是巨大的或深的。在外部的、可变形的外壳和坚固的地幔之间的液体层将使土卫六在环绕土星的轨道上被隆起和压缩。

在地球上，潮汐来自于月球和太阳对表面海洋的引力。在开阔的海洋中，它们的高度可达 60 厘米。太阳和月亮的引力也会使地球的地壳在固体潮汐中隆起大约 50 厘米。

在土卫六上存在一个地表下的液态水层，这本身并不是生命存在的一个指标。科学家们认为，当液态水与岩石接触时，生命才有可能出现，而目前的这些测量无法判断海底是由岩石还是冰构成的。

这一结果对土卫六上甲烷补给的神秘性有着更大的影响。在土卫六的大气中，甲烷是丰富的，然而研究人员认为甲烷是不稳定的，所以必须有一个供应源来维持。

"土卫六上存在一个液态水层,这很重要,因为我们想要了解甲烷是如何储存在土卫六内部的,以及它是如何从地表被释放出来的,"来自纽约州伊萨卡市康奈尔大学的卡西尼团队成员乔纳森·卢宁说,"这很重要,因为土卫六上独一无二的一切都来自大量甲烷的存在,然而大气中的甲烷应该在地质上短时间内被摧毁。"

这颗神秘的橙色卫星距地球 8 亿英里,很可能是一种独特的外星生命形式的发源地,但土卫六看起来不像是一个可以容纳外星生命的地方,因为其平均温度是零下 290 华氏度。

虽然土卫六是太阳系中唯一一个我们知道表面有流动液体的地方,但它的湖泊、河流和海洋中充满了甲烷和乙烷(对任何地球生命形式来说都是有毒的)。但是,如果有一种不同生存方式的生物呢?如果有一种不需要水来生存的、我们在地球上从未见过的生物呢?

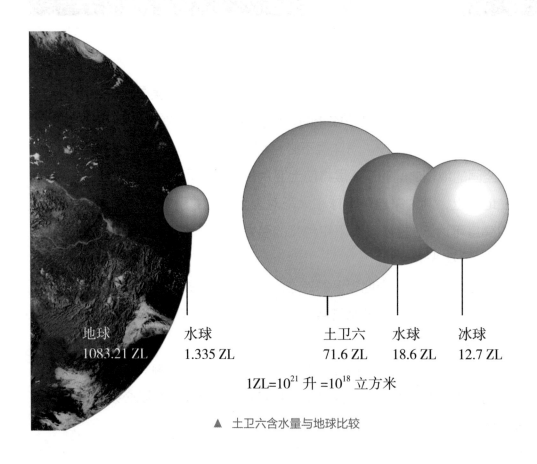

地球	水球	土卫六	水球	冰球
1083.21 ZL	1.335 ZL	71.6 ZL	18.6 ZL	12.7 ZL

$$1ZL=10^{21} \text{升} =10^{18} \text{立方米}$$

▲ 土卫六含水量与地球比较

★ 知识总结

写一写你的收获

第9章

"空壳"卫星：木卫三

太空中有这么一颗卫星：它是太阳系中最大的卫星，直径比水星要大，然而质量才是水星的一半。难道它的"心"是空的吗？

概况

▲ 木卫三

这颗卫星是木卫三（Ganymede，盖尼米德）。

木卫三主要由硅酸盐岩石和冰体构成，星体分层明显，拥有一个富铁的、流动性的内核。人们推测在木卫三表面之下 200 千米处存在一个被夹在两层冰体之间的咸水海洋。木卫三表面存在两种主要地形，其中较暗的地区约占星体总面积的 1/3，其间密布着撞击坑，地质年龄估计有 40 亿年之久；其余地区较为明亮，纵横交错地分布着大量的槽沟和山脊，其地质年龄较前者稍小。明亮地区的破碎地质构造产生的原因至今仍是一个谜，猜测可能是潮汐热引起的构造活动所造成的。木卫三是太阳系中已知的唯一一颗拥有磁层的卫星，其磁层可能是富铁的流动内核的对流运动所产生的。 少量磁层与木星更为庞大的磁场相交叠，从而产生向外扩散的场线。木卫三拥有一层稀薄的含氧大气层，其中

含有原子氧、氧气和臭氧，同时原子氢也是大气的构成成分之一。而木卫三上是否拥有电离层还尚未确定。

一般认为木卫三是由伽利略·伽利莱在 1610 年首次观测到的。后来天文学家西门·马里乌斯建议以希腊神话中神的斟酒者、宙斯的爱人盖尼米德为之命名。从先驱者 10 号开始，多艘航天器曾近距离掠过木卫三。旅行者号探测器曾精确地测量了该卫星的大小，伽利略号探测器则发现了它的地下海洋和磁场。

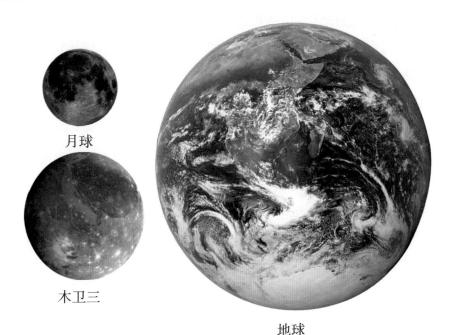

月球

木卫三

地球

▲ 地球、月球与木卫三大小比较

轨道特征

　　木卫三的轨道距离木星 1070400 千米，公转周期为 7 天 3 小时。和大部分已知的木星卫星一样，木卫三也被木星潮汐锁定，永远都以同一面面向木星。它的轨道离心率很小，轨道倾角也很小，接近于木星赤道，同时在数百年的周期里，轨道的离心率和倾角还会以周期函数的形式受到太阳和木星引力摄动的影响，变化范围分别为 0.0009°~0.0022° 和 0.05°~0.32°。这种轨道的变化使得其转轴倾角在 0°~0.33° 之间变化。

　　木卫三和木卫二、木卫一保持着轨道共振关系：木卫三每公转一周，木卫二公转两周，木卫一公转四周。当木卫二位于近木点、木卫一位于远木点时，两者之间会出现上合现象；而当木卫二位于近木点时，它和木卫三之间也会出现上合现象。木卫一、木卫二和木卫二、木卫三的上合位置会以相同速率移动，所以三者之间不可能出现"三星合"现象。这种复杂的轨道共振被称为拉普拉斯共振。

⭐ 小贴士

　　现今的拉普拉斯共振并无法将木卫三的轨道离心率提升到一个更高的值。0.0013 的离心率可能是早期残留下来的——当时轨道离心率的提升是有可能的。但是木卫三的轨道离心率仍然让人困惑：如果在现阶段其离心率无法提升，则必然表明在其内部的潮汐耗散作用下，它的离心率正在逐渐损耗。这意味着离心率的最后一次损耗就发生在数亿年之前。由于现今木卫三轨道的离心率相对较低——平均只有 0.0015，所以现今木卫三的潮汐热也相应的十分微弱。但是在过去，木卫三可能已经经历过了一种或多种类拉普拉斯共振，从而使得其轨道离心率能达到 0.01~0.02 的高值。可能由于木卫三内部发生了显著的潮汐热效应，而这种多阶段的内部加热最终造成了现今木卫三表面的槽沟地形。人们还无法确切知晓木卫一、木卫二和木卫三之间的拉普拉斯共振是如何形成的，现今存在两种假说：一种认为这种状态在太阳系形成之初即已存在；另一种认为这种状态是在太阳系形成之后才发展出来的。可能的形成过程如下：首先是由于木星的潮汐效应，致使木卫一的轨道向外推移，直至某一点与木卫二发生 2∶1 的轨道共振；之后其轨道继续向外推移，同时将部分的旋转力矩转移给木卫二，从而也引起了后者的轨道向外推移；这个过程持续进行，直到木卫二到达某一点，与木卫三形成 2∶1 的轨道共振。最终三者之间的两对上合现象的位置移动速率保持一致，形成拉普拉斯共振。

上合现象解释

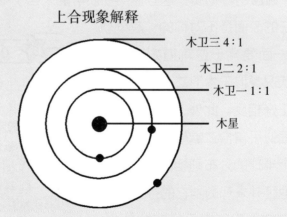

▲　伽利略卫星的拉普拉斯共振

物理特征

木卫三的平均密度为 1.936 克 / 厘米 ^{3}，表明它是由近乎等量的岩石和水构成的，后者主要以冰体形式存在。冰体的质量占卫星总质量的 46%~50%，比木卫四稍低。此外，可能存在某些不稳定的冰体，如氨。木卫三岩石的确切构成还不为人知，但是很可能接近于 L 型或 LL 型普通球粒陨石，这两类陨石较之 H 球粒陨石，所含的全铁和金属铁较少，而铁氧化物较多。在木卫三上，以质量计，铁和硅的重量比为（1.05~1.27）：1，而在太阳中，则为 1.8：1。木卫三表面的反照率约为 0.43。冰体水广泛存在于其表面，利用近红外光谱学，科学家们在 1.04、1.25、1.5、2.0 和 3.0 微米波长段发现了强烈的冰体水的吸附带。明亮地带的槽沟构造可能含有较多的冰体，故显得较为明亮。除了水外，对伽利略号探测器和地基观测站拍摄的高分辨率近红外光谱和紫外线光谱结果的分析也显示了其他物质的存在，包括二氧化碳、二氧化硫，还可能包括氰、硫酸氢盐和多种有机化合物。此外，伽利略号探测器还在木卫三表面发现了硫酸镁、硫酸钠等物质，这些盐类物质可能来自于地表之下的海洋。

木卫三的表面是不对称的：其同轨道方向的一面要亮于逆轨道方向的一面。这种状况类似于木卫二，而和木卫四的状况正好相反。此外，木卫三同轨道方向一面似乎富含二氧化硫。而二氧化碳在两个半球的分布则相对均匀，尽管在极地地区并未观测到它的存在。

木卫三的地层结构已经充分分化，它含有一个由硫化亚铁和铁构成的内核、由硅酸盐构成的内层地幔和由冰体构成的外层地幔。这种结构得到了由伽利略号探测器在数次飞掠中所测定的木卫三本身较低的无量纲转动惯量（数值为 0.3105±0.0028）的支持。事实上，木卫三是太阳系中转动惯量最小的固

> **小贴士**
>
> L 型或 LL 型普通球粒陨石：L 球粒陨石是一种普通球粒陨石，亦是第二常见的陨石。此类陨石含铁量较低，占其重量的 20%~25%，其名字中的"L"代表低铁含量。
>
> LL 球粒陨石（又称为低铁低金属群球粒陨石），是一种普通球粒陨石。

态天体。伽利略号探测器探测到的木卫三本身固有的磁场则与其富铁的、流动的内核有关。拥有高电导率的液态铁的对流是产生磁场的最合理模式。

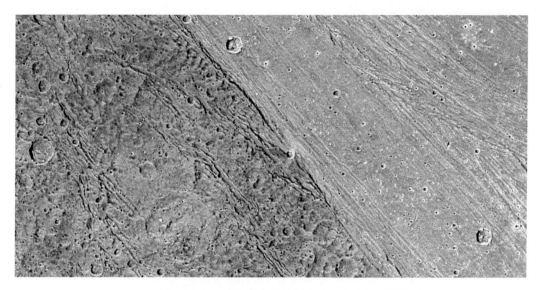

▲ 较暗的尼克尔森区和较亮的哈帕吉亚槽沟之间泾渭分明

木卫三内部不同层次的厚度取决于硅酸盐的构成成分（其中部分为橄榄石和辉石）以及内核中硫元素的数量。球内核结构类似，某些产生磁场的模型要求在铁－硫化亚铁液态内核之中还存在一个纯铁构成的固态内核。若是这种类型的内核，则其半径最大可能为 500 千米。木卫三内核的温度可能高达1500~1700K，压力高达 100 千巴（100 亿帕）。

表面特征

　　木卫三的表面主要存在两种类型的地形：一种是非常古老的、密布撞击坑的暗区；另一种是较之前者稍微年轻（但是地质年龄依旧十分古老）、遍布大量槽沟和山脊的明区。暗区的面积约占球体总面积的 1/3，其间含有黏土和有机物质，这可能是由撞击木卫三的陨石带来的。

　　产生槽沟地形的加热机制仍是行星科学中的一大难题。现今的观点认为槽沟地形从本质上说主要是由构造活动形成的，而如果冰火山在其中起了作用的话，那也只是次要作用。为了引起这种构造活动，木卫三的岩石圈必须被施加足够大的压力，而造成这种压力的力量可能与过去曾经发生的潮汐热作用有关——这种作用可能在木卫三处于不稳定的轨道共振状态时发生。引力潮汐对冰体的挠曲作用会加热星体内部，给岩石圈施加压力，并进一步导致裂缝、地垒和地堑的形成，这些地形取代了占木卫三表面积 70% 的古老暗区。槽沟地形的形成可能还与早期内核的形成及其后星体内部的潮汐热作用有关，它们引起的冰体的相变和热胀冷缩作用可能导致木卫三发生了微度膨胀，幅度为1%~6%。随着星体的进一步发育，热水喷流从内核挤压至星体表面，导致岩石圈的构造变形。星体内部的放射性衰变产生的热能是最可能的热源，木卫三地下海洋的形成可能有赖于它。人们通过研究模型发现，如果过去木卫三的轨道离心率较现今高很多（事实上也可能如此），那么潮汐热能就可能取代放射性衰变热源，成为木卫三最主要的热源。

　　撞击坑在两种地形中均可见到，但是在暗区中分布的更为密集：这一区域遭遇过大规模的陨石轰击，因而撞击坑的分布呈饱和状态。较为明亮的槽沟地形区分布的撞击坑则较少，在这里，由于构造变形而发育起来的地形成为主要地质特征。撞击坑的密度表明暗区的地质年龄达到了 40 亿年，接近于月球上的高地地形的地质年龄；而槽沟地形则稍微年轻一些（无法确定其确切年龄）。和月球类似，在 35 亿 ~40 亿年之前，木卫三经历过一个陨石猛烈轰击的时期。如果这种情况属实，那么这个时期在太阳系内曾经发生了大规模的轰击事件，

而这个时期之后轰击率又大为降低。在亮区中，既有撞击坑覆盖于槽沟之上的情况，也有槽沟切割撞击坑的情况，这说明其中的部分槽沟地质年龄也十分古老。木卫三上也存在相对年轻的撞击坑，其向外发散的辐射线还清晰可见。木卫三的撞击坑深度不及月球和水星，这可能是由于木卫三的冰质地层质地薄弱，会发生位移，从而能够转移一部分的撞击力量。许多地质年代久远的撞击坑的坑体结构已经消失不见，只留下一种被称为变余结构（palimpsest）的残迹。

木卫三的显著特征包括一个被称为伽利略区的较暗平原，这个区域内的槽沟呈同心环分布，可能是在一个地质活动时期内形成的。另外一个显著特征则是木卫三的两个极冠，其构成成分可能是霜体。这层霜体延伸至纬度为 40° 的地区。旅行者号探测器首次发现了木卫三的极冠，目前有两种解释极冠形成的理论，一种认为是高纬度的冰体扩散所致，另一种认为是外空间的等离子态冰体轰击所产生的。伽利略号探测器的观测结果更倾向于后一种理论。

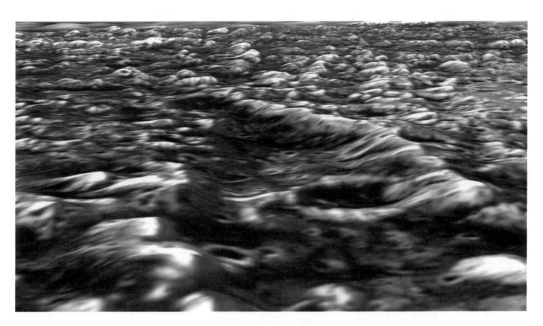

▲ 木卫三表面特征（根据伽利略数据的计算机模拟结果）

大气层与磁层

1972 年，一支在印度尼西亚的博斯查天文台工作的印度、英国和美国天文学家联合团队宣称他们在一次掩星现象中探测到了木卫三的大气，当时木星正从一颗恒星之前通过，他们估计木星三的大气压约为 1 微巴。1979 年旅行者 1 号探测器在飞掠过木星之时，借助当时的一次掩星现象进行了类似的观测，但却得到了不同的结果。旅行者 1 号探测器的掩星观测法用短于 200 纳米波长的远紫外线光谱进行观测，这比 1972 年的可见光谱观测法，在测定气体存在与否方面要精确得多。旅行者 1 号探测器的观测数据表明，木卫三上并不存在大气，其表面的微粒数量密度最高只有 1.5×10^9 个 / 厘米 ^{3}，对应的压力小于 2.5×10^{-5} 微巴。后一个数据较之 1972 年的数据要小了 5 个数量级，说明早期的估计太过于乐观了。1995 年哈勃空间望远镜发现了木卫三上存在稀薄的、以氧为主成分的大气，这类似于木卫二的大气。哈勃空间望远镜在 130.4~135.6 纳米段的远紫外线光谱区探测到了原子氧的大气光。这种大气光是分子氧遭受电子轰击而离解时所发出的，这表明木卫三上存在以氧气分子为主的中性大气。其表面微粒数量密度在 1.2×10^8~7×10^8 个 / 厘米 ^{3} 范围之间，相应的表面压力为 0.2×10^{-5}~1.2×10^{-5} 微巴。这些数值在旅行者号探测器 1981 年探测的数值上限之内。这种微量级的氧气浓度不足以维持生命存在，其来源可能是木卫三表面的冰体在辐射作用下分解为氢气和氧气，其中氢气由于原子量较低，很快就逃逸出木卫三。木卫三上观测到的大气光并不像木卫二在空间分布上呈现均一性。哈勃空间望远镜在木卫三的南北半球发现了数个亮点，其中两个都处于纬度 50° 地区，即木卫三磁圈的扩散场线和聚集场线的交界处。同时也有人认为亮点可能是等离子体在下落过程中切割扩散场线所形成的极光。

1995—2000 年，伽利略号探测器共六次近距离飞掠过木卫三，发现该卫星有一个独立于木星磁场之外的、长期存在的、其本身所固有的磁矩，其大小估计比水星的磁矩大三倍。其磁偶极子与木卫三自转轴的交角为 176°，这意味着其磁极正对着木星磁场。磁层的北磁极位于轨道平面之下。由这个长期磁矩创造的偶极磁场在木卫三赤道地区的强度为 719±2 纳特斯拉，超过了此处的木星磁场强度——后者为 120 纳特斯拉。木卫三赤道地区的磁场正对着木星磁场，这使其场线有可能重新聚合。而其南北极地区的磁场强度则是赤道地区的两倍，为 1440 纳特斯拉。长期存在的磁矩在木卫三的四周划出一个空间，形成了一个嵌入木星磁场的小型磁层。木卫三是太阳系中已知的唯一一颗拥有磁层的卫星，其磁层直径达 4~5RG（1RG=2631.2 千米）。在木卫三上纬度低于 30°的地区，其磁层的场线是闭合的，在这个区域，带电粒子（如电子和离子）均被捕获，进而形成辐射带。磁层中所含的主要离子为单个的离子化的氧原子（O^+），这点与木卫三含氧大气层的特征相吻合。而在纬度高于 30°的极冠地区，场线则向外扩散，连接着木卫三和木星的电离层。在这些地区已经发现了高能（高达数十甚至数百千伏）的电子和离子，可能由此而形成了木卫三极地地区的极光现象。另外，在极地地区不断下落的重离子则发生了溅射运动，最终使木卫三表面的冰体变暗。

木卫三磁层和木星磁场的相互影响与太阳风和地球磁场的相互作用在很多方面十分类似。如绕木星旋转的等离子体对木卫三逆轨道方向磁层的轰击就非常像太阳风对地球磁场的轰击，主要的不同之处是等离子体流的速度——在地球上为超声速，而在木卫三上为亚声速。由于其等离子体流速度为亚声速，所以在木卫三逆轨道方向一面的磁场并未形成弓形激波。

除了本身固有的磁层外，木卫三还拥有一个感应产生的偶极磁场，其存在与木卫三附近木星磁场强度的变化有关。该感应磁场随着木卫三本身固有磁层方向的变化，交替呈放射状面向木星或背向木星。该磁场的强度较之木卫三本身之磁场弱了一个数量级——前者磁赤道地区的场强为 60 纳特斯拉，只及木星此处场强的一半。木卫三的感应磁场和木卫四以及木卫二的感应磁场十分相似，这表明该卫星可能也拥有一个高电导率的地下海洋。

由于木卫三的内部结构是彻底的分化型，且拥有一颗金属内核，所以其本身固有的磁层的产生方式可能与地球磁场的产生方式类似，即是内核物质运动的结果。如果磁场是基于发电机原理的产物，那么木卫三的磁层就可能是由其内核的成分对流运动所造成的。

▲ 木卫三磁层示意图

　　尽管已知木卫三拥有一个铁质内核，但是其磁层仍然显得很神秘，特别是为何其他与之大小相近的卫星都不拥有磁层。一些研究认为，在木卫三这种相对较小的体积下，其内核应该早已充分冷却，以致内核的流动和磁场的产生都无以为继。一种解释声称能够引起星体表面构造变形的轨道共振也能够起到维持磁层的作用，即木卫三的轨道离心率和潮汐热作用由于某些轨道共振作用而出现增益，同时其地幔也起到了绝缘内核、阻止其冷却的作用。另一种解释认为是地幔中的硅酸盐岩石中残留的磁性造成了这种磁层。如果该卫星在过去曾经拥有基于发电机原理产生的强大磁场，那么该理论就很有可能行得通。

 地下海洋

　　哈勃空间望远镜发现了木卫三上拥有一个地下咸水海洋的最佳证据，该地下海洋的水量被认为比地球表面的水更多。在寻找地球以外的可居住星球和生命的探索中，识别液态水是至关重要的。

　　木卫三是太阳系中最大的卫星，也是唯一拥有自己磁场的卫星。磁场导致极光，在木卫三南北两极环绕的区域中，是发光的、炽热的带电气体带。因为木卫三靠近木星，它也被嵌入到木星的磁场中。当木星的磁场发生变化时，木卫三上的极光也会发生变化，来回摇摆。通过观察这两种极光的摇摆运动，科学家们能够确定在木卫三的地壳下有大量的咸水影响着它的磁场。

　　因为极光是由磁场控制的，如果以适当的方式观察极光，就会了解到磁场

 ▼　木卫三的极光

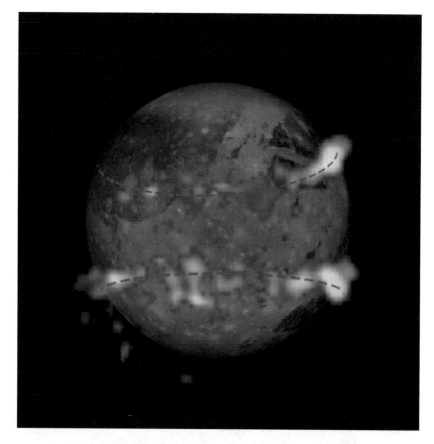

▲ 哈勃空间望远镜拍摄的木卫三的极光带（图中的蓝色）

的一些性质。如果你知道磁场，你就会知道木卫三内部的一些性质。

如果木卫三有一个咸水海洋，木星的磁场将会在海洋中形成一个次级磁场，从而对抗木星的磁场。这种磁摩擦会抑制极光的摇动。

科学家们估计，木卫三海洋的厚度是地球海洋的 10 倍（100 千米），深埋在 150 千米的大部分冰层之下。

早在 20 世纪 70 年代，科学家们就怀疑木卫三有地下海洋。2002 年，美国国家航空航天局的伽利略号任务测量了木卫三的磁场，提供了第一个支持这些怀疑的证据。伽利略号探测器以 20 分钟的间隔对磁场进行了短暂的"快照"测量，但它的观测太过短暂，无法明显地捕捉到海洋次生磁场的周期性波动。

新的观测结果是通过紫外观测完成的，这只有借助于在地球大气层上方的太空望远镜才能完成，因为大气层将阻挡大多数紫外线。

冰有不同的形式。"冰 I"是一种密度最小的冰，它漂浮在冰冷的海洋里。随

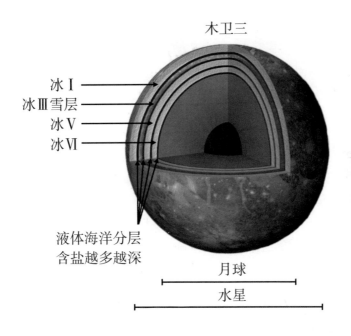

木卫三

冰 I
冰 III 雪层
冰 V
冰 VI

液体海洋分层
含盐越多越深

月球

水星

▲ 木卫三内部结构

着压力的增加，冰变得更加紧密，密度也更大。因为木卫三的海洋深度达 800 千米，它们的压力将超过地球的海洋。在木卫三上存在的最深层和最密集的冰形式被称为"冰 VI"。

当研究人员在他们的海洋模型中加入盐的时候，发现情况已经从以前的想法中改变了。只要有足够的盐，木卫三的液体就会变得足够密集，可以沉入海底，在冰 VI 下。他们的模型也显示了海洋和冰的复杂叠加，正如图中所示。

更重要的是，这个模型显示了可能发生在最上面的液体层的一个奇怪的现象，在那里，冰向上漂浮。在这种情况下，冰冷的羽流会导致冰 III 形成。当冰形成时，盐会沉淀下来。当冰"雪"向上时，盐就会下沉。最终，这种冰会融化，在木卫三的"梅花三明治"结构中形成一个泥泞的层。

除了以上介绍的天体之外，太阳系中还有许多天体富含水，如火星、谷神星以及绝大多数开伯带天体。由于我们不知道这些天体的总体含水量，因此没有列在本书内。根据目前了解的情况，木卫三的含水量远超过地球，位居太阳系富含水的天体的首位。

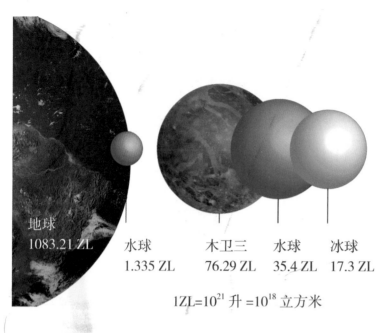

地球
1083.21 ZL

水球
1.335 ZL

木卫三
76.29 ZL

水球
35.4 ZL

冰球
17.3 ZL

$1ZL=10^{21}$ 升 $=10^{18}$ 立方米

▲ 木卫三含水量与地球的比较

⭐ 知识总结

写一写你的收获